河南省科学技术协会资助出版·中原科普书系
河南省"四优四化"科技支撑行动计划丛书

月季周年生产技术

石力匀　孔德政　主编

U0242769

中原农民出版社
·郑州·

图书在版编目（CIP）数据

月季周年生产技术 / 石力匀，孔德政主编 . —郑州：
中原农民出版社，2022.3
　ISBN 978-7-5542-2572-1

　Ⅰ.①月… Ⅱ.①石… ②孔… Ⅲ.①月季-观赏园艺
Ⅳ.①S685.12

中国版本图书馆CIP数据核字（2022）第026617号

月季周年生产技术
YUEJI ZHOUNIAN SHENGCHAN JISHU

出 版 人：刘宏伟
策划编辑：段敬杰
责任编辑：侯智颖
责任校对：张晓冰
责任印制：孙　瑞
装帧设计：董　雪

出版发行：中原农民出版社
　　　　　地址：郑州市郑东新区祥盛街 27 号　　邮编：450016
　　　　　电话：0371-65788199（发行部）　　0371-65788651（天下农书第一编辑部）
经　　销：全国新华书店
印　　刷：河南瑞之光印刷股份有限公司
开　　本：787mm×1092mm　1/16
印　　张：12.5
字　　数：249 千字
版　　次：2022 年 3 月第 1 版
印　　次：2022 年 3 月第 1 次印刷
定　　价：69.00 元

丛书编委会

本书编委

主　编　石力匀　孔德政

副主编　刘齐栋　肖爱利　李毓珍

参　编　李文玲　王　政　申玉晓　尚文倩

　　　　李永华　张开明　刘艺平　逯久幸

　　　　李　永　贺　丹

审　稿　王利民　孙红梅

前　言

　　月季是蔷薇科蔷薇属的半常绿木本植物，因其花具丰富饱满的外形、缤纷绚烂的色泽、馥郁甜蜜的香气、独特浪漫的寓意，在世界文化艺术史上占据着举足轻重的地位，是最受人们钟爱的观赏花卉之一。在中国，月季又被誉为"花中皇后"，因其花四季常开，故又名"月月红""长春花"，象征着中华民族生生不息和顽强奋斗的精神，深得文人墨客的赞誉：唐代著名诗人白居易曾有"晚开春去后，独秀院中央"的诗句；宋代诗人苏东坡亦有诗云"唯有此花开不厌，一年长占四时春"。

　　月季起源于中国，有着悠久绵长的栽培历史，在公元960年就有对月季进行杂交的先例。自20世纪90年代以来，随着人民的物质和精神文化需求的增长，我国月季产业迅速发展：切花月季位居四大切花之首，生产面积、销售量和销售额遥遥领先；盆花月季市场广阔，深受家庭园艺爱好者的追捧；苗木月季在园林绿化领域崭露头角，成为众多城市的花卉名片。与此同时，月季周年栽培技术日益成熟，新品种、新技术、新手段和新方法逐渐应用到月季的繁殖及栽培中。为了更好地指导月季的周年生产，我们立足于多年的研究积累及生产实践总结，并借鉴国内外月季研究人员在该领域的发现，出版了《月季周年生产技术》。

　　本书以月季在中国与其他国家的发展与文化为切入点，阐述了月季的生物学特性、品种分类及栽培环境，总结了切花及盆花月季最新的周年栽培技术及病虫害防治方法，并介绍了切花月季的采后保鲜技术等。本书条理清晰，深入浅出，以期为从事月季的生产者、花卉栽培爱好者提供系统的理论知识和生产技术指导。

目录

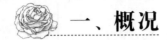

一、概况

（一）月季、玫瑰与蔷薇

　　蔷薇、玫瑰和月季被认为是被子植物中的单子叶植物蔷薇科蔷薇属的三杰，月季、玫瑰和蔷薇这三个词，反复出现于历代各种文献。从植物分类学意义上来说，蔷薇、玫瑰和月季都是蔷薇类植物，同属蔷薇属（*Rosa* L.）。全世界的蔷薇原种约有 150 种（也有文献记载为 200 种）。在英文表达中，这三种花统称为 rose（包括法国蔷薇和百叶蔷薇等蔷薇属的各种植物，也包括杂交起源和人工栽培的古老和现代月季）。只有在特指时，才用修饰词加以限定。比如 wild rose，就是我们所说的蔷薇；rugosa，则指玫瑰；而对应的月季，则有多种表示方法，如 monthly rose，recurrent rose，repeat flowering rose 等，意即"月月开花的月季""重复开花的月季"等。他们还把花店里卖的花枝较长、瓶插时间较久的月季，称之为切花月季 cut rose 。因为西方对植物的识别和认知十分重视，很早就对植物使用了拉丁学名。一个拉丁学名，对应一种植物。所以，这三种不同的植物，具有不同的拉丁学名，但英文词只用 rose，即代表了蔷薇属的多种植物。所以，rose 可以翻译成中文的月季，也可以翻译为玫瑰，又可以译为蔷薇等多种蔷薇属植物。因此人们经常将这三者混淆。事实上，三者在枝干、叶片、花朵、果实、香气和应用等几个方面均存在着差异：

　　（1）**枝干**　月季的枝干低矮，玫瑰的枝干粗壮，而蔷薇的枝干较长，枝条蔓生或攀缘，月季和玫瑰的枝条较为直立，当然也有少数月季是蔓生性的。月季和蔷薇的茎刺较大，且一般有钩，每节上大致有 3～4 个钩刺，而玫瑰的茎枝上则密布着茸毛和针状的细硬刺。月季的新枝是紫红色，而玫瑰和蔷薇的新枝则无此特点。玫瑰的茎一般呈黑色。

　　（2）**叶片**　从叶片观察，月季的小叶一般为 3～5 片，平展而光滑；玫瑰的小叶为 5～9 片，但是叶片上面叶脉凹陷，叶背面有皱褶且发白，疏有小刺，整个叶片看起来较厚；蔷薇的小叶也为 5～9 片，叶片边缘有锯齿，叶片表面平展，但有柔毛。

　　（3）**花朵**　月季的花一般为单花，顶生，也有数朵簇生的，一般为 1～3 朵；花径 5 厘米以上；花柄长且四季开花不败，故称月月红、月季花、长春花；花色多样，如红、橙、粉、黄、紫、白、绿等。蔷薇的花朵，常 6～7 朵簇生，圆锥状伞房花序，生于枝条顶部；花径约 3 厘米；每年只开一次，花色有白、粉等。玫瑰花，多单生，或 1～3 朵簇生；花柄短，花茎与蔷薇花大致相同；也只在夏季开花一次；花色仅有白色和紫红色。月季、玫瑰和蔷薇的花如图1-1。从花萼上比较,月季与玫瑰在花朵凋谢后萼片均不脱落,而蔷薇的萼片会脱落。

图1-1 月季(左)、玫瑰(中)和蔷薇(右)的花

(4)**果实** 玫瑰的果实是扁圆体,而月季花与蔷薇的果实为圆球体。

(5)**香气** 玫瑰花的香气要比月季花、蔷薇花浓郁很多,月季花一般比蔷薇花香味浓郁一些。

(6)**应用** 月季花主要用作切花、园林专类园、街道和庭院绿化等绿地中,也可盆栽观赏。玫瑰花蕾多用于制作糖、酱、茶及提取精油,也可用于园林绿化。蔷薇主要用于垂直绿化,也可用于切花。需要说明的是,目前在日常生活中用的插花和情人节赠送的手捧花,皆为花梗较长、单花大型、花色丰富且有香味的现代茶香月季。

(二)中国月季的发展及对世界月季发展的影响

1. 中国月季的发展

蔷薇科属植物原产北半球,几乎遍及亚、欧两大洲,中国是月季的原产地之一。不少考证认定四川是中国月季的起源地。瑟杰·古丁(Serge Gudin)在《月季遗传育种》一文中指出,月季在5 000年前就已经在中国种植,最早史料多记载的是月季的同属蔷薇,在栽培蔷薇的过程中,部分植株突变,出现了重瓣、长期开花的特性,极大地提高了蔷薇的观赏价值。培育者通过人工选择,利用扦插、嫁接等技术将变异的蔷薇保存下来,并通过摘除幼果等措施,使长期开花的性状得到强化,最终培育出了具有丰富品种、观赏价值高、备受人们喜爱的月季。

王国良先生将中国月季的演化分为六个时期:远古化石期、先民引种期、宫苑栽培期、月季始现期、南北流行期和享誉世界期。在山东山旺古植物区发现的两种蔷薇叶片化石距今已有2000万年之久。6 000年前的彩陶上发现了五瓣花纹样,象征着覆瓦状蔷薇花瓣,标志着中国月季进入先民引种期。宫苑栽培期出现于2 000年前的汉代,西汉时期,宫廷花园中已经引种野生蔷薇,《贾氏说林》中描述了"武帝与丽娟看花时,蔷薇始开,态若含笑,帝曰,此花绝胜佳人笑也"。葛洪的《西京杂记》中记载了"乐游苑自生玫瑰树,树下多苜蓿",其中乐游苑就是汉武帝的宫苑。魏晋南北朝时期,宫廷园林中多种植蔓生藤本蔷薇,《寰宇记》记载,南朝"梁元帝竹林堂中多种蔷薇,康家四出蔷薇,白马寺黑蔷薇,长沙千叶蔷薇,并以长格校其上,花叶相连其下,有十间花屋,枝叶交映,芬芳袭人"。文学家柳恽"不摇香已乱,无风花自飞",刘缓"鲜红同映水,轻香共逐吹"等描写蔷薇的诗句中体现了蔷薇花"枝条轻软""花香清逸""花势繁盛"的三大观赏特征。隋唐时期,宫廷及民间种植蔷薇之风盛行,中国月季进入南北流行期。中唐时期宰相李德裕在《平泉草木记》记载"己未岁得会稽之百叶蔷薇,又得嵇山之重台蔷薇"。白居易在《戏题新栽蔷薇》"移根易地莫憔悴,野外庭前一种春,少府无妻春寂寞,花开将尔当夫人"中将蔷薇比作窈窕柔美的女子,将蔷薇的意喻提升到新的水平。大范围的种植规模,为蔷薇带来了更丰富的品种变异。花型从单瓣变为重瓣,株型由攀缘成为直立,并出现了粉、白、红等花色,更加接近于月季的特征。晚唐绢画《引路菩萨图》中描绘了一朵花朵硕大、花型高心翘角的蔷薇花,与现代月季极为相似。北宋时期月季开始与蔷薇分称,月季首次明确记载于北宋文学家宋祁的《益部方物略记》中,月季四季常开的特征得到了详尽的描述:"花亘四时,月一披秀,寒暑不改,似故常守。右月季花,此花即东方所谓四季花者。翠蔓红花。蜀少霜雪,此花得终岁",至此只有一季花期的蔷薇逐渐隐退,"一年长占四时春"的月季成为园林栽培育种的主角。宋代的司马温编写了我国第一部月季花栽培专著《月季新谱》,其中除了记载月季名品外,还详细论述了"培壅""浇灌""养胎""修剪""避寒""扦插""下子""去虫"等栽培环节。苏轼的"唯有此花开不厌,一年长占四时春"和张耒的"月季只应天上物,四时荣谢色常同"等诗句都描绘了月季四季开花的特性。中国月季在这个时期传入了日本,取名"庚申月季",意为隔月开花的月季。日本的《春日权现绘卷》中也出现了中国月季的身影。明清时期中国月季进入了栽培的高峰期,月季栽培蔚然成风,中国古老月季品种群基本成型。明代月季栽培有两大特点,一是培育出了重瓣、不易结实的月季品种,李时珍在《本草纲目》中记载着"千叶厚瓣,逐月开放,不结子也";二是将蔷薇属中几种代表性观赏花卉进行分类,在王象晋的《群芳谱》中,蔷薇属植物被分成蔷薇、玫瑰、刺蘼、木香、月季等几类。同时清代月季的花色出现了爆发式的增长。明清时期,月季的各项栽培技术也基本成熟。陈淏子编著的《花镜》中描述了月季分株繁殖和嫁接繁殖的步骤。明代《群芳谱》详细记录了月季插穗的长度与剪取部位,对扦插深度、插后保湿方法等均有论述。品种培育方面,清代《月季谱》详细讲解了种子育苗选种的方法。日常修剪方面,古人已发现月季徒长枝较多,需要经常更新枝条方可促成开花。各项栽培技术日趋成熟。我国月季花的栽培地区唐宋时期主要在陕西、河南一带,明清时期又以河南、山东为盛,其中河南鄢陵、山东掖县(今山东莱州)、江苏淮阴和扬州等地种植较为集中。

　　20世纪40年代上海开始引进"和平"等现代月季品种。新中国成立以后,月季栽培得到迅速发展,许多公园布置了月季花坛和月季专类园,并从国外引进大量优秀品种。

北京、上海、杭州是当时我国三大月季品种基地。据记载,中国科学院北京植物园 1966 年就拥有月季品种 474 种。

1966 年后,月季种植陷入了低谷,许多古老月季品种大量散失、死亡。我国一些古老月季品种的失传是我国月季历史乃至世界月季史上一个无法弥补的重大损失。不过,在许多公园和苗圃及广大的月季爱好者的共同努力下,大部分优良品种得以保存,为以后的月季发展奠定了基础。

20 世纪 80 年代,出现了空前的月季发展高潮,即"月季发展第一次大热潮"。通过各种渠道从国外引进月季新品种,如白杰作(White Masterpiece)、光辉(Brilliant Light)、红双喜(Double Delight)等,推进了月季热潮的发展。涌现了一大批月季爱好者。各市通过讨论并立法,选月季为市花,月季作为市花的城市达到 70 多个。各种有关月季的著作相继问世,《大众花卉》《花卉报》《中国花卉盆景》等报刊都开辟专栏或专刊介绍月季,极大地普及了月季知识。各专业机构尤其是个人都尝试用人工杂交等方法培育月季新品种,并取得一定的成果。

20 世纪 90 年代以后,我国月季产业迅速发展。月季位居四大切花之首,切花生产面积、销售量和销售额持续上升。月季苗木盆花市场广阔,实现了月季苗木出口,月季苗木在园林绿化中的应用越来越广,深得大众喜爱。

目前,尽管我国的商品化切花月季种植面积和产值每年都以 30% 左右的速度增长,但栽培水平却一直很低,具体表现为单位面积切花产量低、切花品质差异性大、栽培技术较低、栽培设施落后等。目前我国月季切花产业集中在广东、云南等地。其他地区月季切花产业化不完全,仍以农户生产为主要生产方式,生产盲目性强,加上栽培水平较低,导致我国切花月季单位面积产量与世界水平仍有较大的差距。随着近年来能源、肥料、农药等价格上涨,生产成本也在不断升高,我国切花月季行业的发展正面临着巨大挑战。在此背景下,为了适应不断扩大的国内月季切花消费市场、促进我国切花产业的发展,必须选择适合我国各地气候特点的切花栽培设施和适合我国区域特点的切花品种,探索适合该地区优良品种配套的栽培技术。这样才能生产出大量的优质切花,从而带动我国月季行业的发展。

2. 中国月季对世界月季发展的影响

月季是世界最古老的花卉之一。早在公元前 1200 年波斯人就将月季奉为美的形象作为各种场合的装饰;公元前 6 世纪,古希腊女诗人萨福将月季誉为"花中皇后"。在希腊神话、罗马神话中,月季也有着神圣的地位,被视为爱与美的象征。月季在我国具有相当悠久的栽培历史,同时也是世界月季文明的源头,西汉时期,月季同属的蔷薇已经在宫廷花园引种,南北朝时期更在宫中广为栽培。南北朝时期柳恽的诗"当户种蔷薇"中出现了蔷薇的身影,代表蔷薇在民间种植也十分广泛。唐宋以来观赏月季之风盛行,月季的栽培进入全盛时期,"月季"这个名字始见于唐代韦元旦的《早朝》"震维芳月季,宸极众星尊。佩玉朝三陛,鸣珂度九门。"五代吴越时的画家罗塞翁的《儿乐图》中可见幼童在月季盆栽旁边嬉戏玩闹的场景(图1-2)。宋代更有唐宋八大家之一的苏轼写下了"花落花开无间断,春来春去不相关"和"唯有此花开不厌,一年长占四时春"等脍炙人口的诗句,北宋的月季品种已经具备了花色丰富、花型多变、花姿娇俏、四季常开、香郁清远等观赏特性。王象晋的《群芳谱》中,把蔷薇属植物分成蔷薇、玫瑰、刺蘼、木香、月季等几类,并对月季的品种进行了详尽的介绍。我国是世界现代月季(Modern Rose)的故乡,我国的月季对世界月季的发展产生了深远的影响,全世界共有蔷薇属植物200余种,其中原产我国的就有82种;近200年来,国际月季育种中最重要的15个蔷薇原种中,有10种原产于我国。

图1-2 罗塞翁《儿乐图》(局部图)

中国月季在10世纪以绘画作品的形式盛放在欧洲,并被命名为中国玫瑰(China rose)或孟加拉玫瑰(Bengal rose)。16世纪,意大利已有种植中国月季的记录,著名画家布隆奇诺在画中描绘了小爱神丘比特手持一枝花型独特的粉色月季花。这朵月季经专家赫斯特考证,认定是一朵中国月季花。法国拿破仑夫人约瑟芬也是月季的忠实拥护者,1804年约瑟芬成为法国皇后,她在梅尔梅森城堡建造了一座玫瑰花园,花园里拥有250多种、3万多株珍贵的蔷薇属植物,其中中国月季就有数十种之多。约瑟芬还邀请了法国最有名的植物画家皮埃尔·约瑟夫·雷杜德出版了世界上第一本月季花等身彩色画集《玫瑰图谱》(图1-3),这本画集绘制了近十年时间,其中收录的玫瑰一半以上是法国玫瑰,此外还有西洋玫瑰、大马士革玫瑰。这些玫瑰每年只开放一次,唯有秋大马士革玫瑰每年可绽放两次。而其中的22个中国玫瑰品种则可以四季常开并且色泽丰富,极具观赏价值。

图1-3 皮埃尔·约瑟夫·雷杜德《玫瑰图谱》

欧洲月季的育种也深受中国月季的影响,斯氏中国红(Slater's Crinson China)由东印度公司的船长从中国带到欧洲,它成为现代月季深红品种的祖先。18世纪我国广泛流行的月季品种柏氏中国粉(Parson's Pink China)在1752年由牧师奥斯贝克带至瑞士,1759年从瑞士传入英国,1798年传至法国,1800年到达美国。柏氏中国粉的花朵呈粉色、半重瓣,后与大马士革玫瑰杂交后育成欧洲流行的波旁玫瑰。1809年英国园艺学家亚伯拉罕·休谟在广州购得中国绯红茶香月季(Hume's Blush Tea-scented China),随后送往法国皇后约瑟芬的梅尔梅森玫瑰园,由于该品种有浓郁芬芳的花香,被命名为"Rosa odorata"。19世纪中期,欧美普遍栽植的月季品种为"杂种长春月季",但是该品种花量少、花期短、花色不够丰富。1867年,法国育种家将杂种长春月季与中国月季、茶香月季反复杂交、回交,培育出一个崭新的月季品系"杂交茶香月季"(Hybrid Tea Roses,简称HT)法兰西(La France),至此国际园艺界以1867年为分界,将月季的品种划分为"古代月季"和"现代月季"。与杂种长春月季相比,杂交茶香月季具有四季开花、色彩丰富、花量巨大、耐寒性强等优良的品性,很快成为世界月季的主流品种。现今,全世界3万多个月季品种中有1.1万个是杂交茶香月季。1908年,德国育种家培育出长势强壮、四季开花、花朵较小但能形成多而密集的花团的月季品种欧秦(Gruss an Aachen)。1930年,美国人尼古拉将这一类月季品种命名为"丰花月季"(Floribunda Roses 简称FL),是现代月季的重要品系。丰花月季花色涵盖深红、纯白、黄色、紫色等大多数色系,同时还有色彩更加丰富艳丽的复色品种。丰花月季花瓣的种类同时具备单瓣与重瓣,虽然不具备杂交茶香月季高耸的花心,但也别具清新俏丽的风韵。1946年,美国育种家拉梅尔斯将杂交茶香月季品种沙罗特·阿姆斯特朗(Charlotte Armstrong)与丰花月季品种香富乐(Florodora)进行杂交,得到了一个崭新的月季品系"壮花月季"。这类月季品种的花朵与杂交茶香月季相似,但成丛开放的开花习性又与丰花月季相同,广受人们的喜爱。

（三）其他国家月季的发展

1. 月季在荷兰的发展

荷兰不仅拥有举世闻名的月季嫁接和芽接技术，其月季销量也遥遥领先于其他的国家和地区。目前是世界上最大的切花月季生产国和出口国。荷兰的月季产业坚持"质量是发展的前提"，制定了一系列严格的品质评定标准和病虫害检测系统，以确保月季的品质能从世界各地的月季产品中脱颖而出，在荷兰栽培的没有达到要求的月季会被直接淘汰不能上市销售。荷兰月季种植产业的壮大同时也是因为其月季杂交育种、芽接和嫁接技术的改良以及品种多样性。荷兰月季栽培和种质资源联盟建立了优良产品识别体系，其目的是鉴定和奖赏优良的大田月季品种。由专家小组负责筛选鉴定参评的月季品种，这些品种被种植在分散于荷兰各地的 5 个评测专用花圃，对它们的长势、活力、外形、花色及花瓣等指标进行系统评价，该评价连续进行三年。荷兰的月季种植采用先进的现代化温室（图 1-4）及无土栽培技术，大多数温室采用计算机管理，利用智能操作系统，工作人员可以很好地控制水分、营养、光照、温度、湿度、通风及空气中的二氧化碳含量。温室采用基质栽培，在无土栽培的情况下，水肥供给做到及时、合理，植物才能健康生长。荷兰的温室生产呈现出规模化、标准化的特点，生产过程的机械化、自动化，一方面可以提高劳动效率、保证产品的标准化生产；另一方面还可以减少劳动力的使用，降低生产成本。据欧洲统计局的数据显示，2003 年荷兰月季出口创汇接近 2 500 万欧元，占欧洲月季出口总额的 40%。

图 1-4　荷兰现代化切花月季生产温室

2. 月季在南美洲和非洲国家的发展

南美洲和非洲国家有着天然良好的月季种植条件,因太阳直射,赤道附近有着最充足的阳光,全年光照以及稳定的温度为月季提供了较好的生长条件。但是,肯尼亚、埃塞俄比亚、厄瓜多尔、哥伦比亚这样的高地(厄瓜多尔、哥伦比亚海拔3 000米,肯尼亚、埃塞俄比亚海拔2 500米)使月季的生长速度减慢,然而这些因素使月季枝条更壮硕,花头也更大。

厄瓜多尔专注独特的月季品种,占据了俄罗斯、美国两个主要市场。月季的种植者开始更加有效地利用设施生产。农家自发地组织起来形成种植团体,降低了购买月季生产材料上的成本,提升了其月季产品在市场上的地位和竞争力。近几年部分月季生产者已经开始尝试用无土栽培法种植月季。引进的加热系统也起到了良好的作用。厄瓜多尔在月季品种多样化方面的改革与创新非常成功,2005年以来品种的选择集中在选择花头大以及枝长刺少的产品。该国花农常常对大花头和独特花型的品种质量进行比较挑选,引进选种优良月季新品种已成为厄瓜多尔的习惯。在厄瓜多尔,有专门的农场来挑选、生产、包装和运输月季。

哥伦比亚是第一个将种植的月季出口到美国的国家,为此建有很多农场。为了占据市场,种植者在维持原有切花品质的情况下,采用新技术来提高产量。

乌干达维多利亚湖周边的气候条件适合甜心月季及中间型月季的生产。西部高海拔陆地,夜晚冷凉的温度适合大头月季生长。与邻国家相比,白天的温度使乌干达月季的产量更高,但平均花茎长度和重量较低,这也导致了乌干达切花月季的市场价格受到影响。乌干达所用品种多为当地所培育的新品种。

南非的月季主要供应当地市场及欧洲市场。由于南非当地市场较小,一些种植者开始将产品出口到荷兰,非洲的月季生产始于南部的肯尼亚,目前也有种植者将其种植基地向北方的埃塞俄比亚转移。肯尼亚目前的月季生产面积达3 300公顷,有很多种植面积达60~250公顷的大种植集团。肯尼亚每年产花量15亿枝,其中50%为荷兰企业种植,30%为印度和英国企业种植。已有50%的农场安置了无土栽培技术系统,新农场常常会采用更先进的温室及栽培系统来提高切花月季的产量及品质。肯尼亚的月季种植品种多样。根据种植产地可分为高山月季和平地月季两种,高山月季花头大,枝条长;平地月季花头小,但颜色丰富,品质好,可直供俄罗斯、日本等国家的超市。肯尼亚月季具有以下几方面优势:自然环境好,基础建设成本低,劳动力成本廉价,创新能力强,生长周期短,因此价格实惠。肯尼亚有严格的采后处理系统、分级标准、采后预处理以及分拣包装(图1-5)体系,细节把控到位。因采后环节处理到位,肯尼亚切花月季枝条均匀,叶片干净,花期长,瓶插时间能达到15~20天。切花月季品质有保证。

图 1-5　切花月季的包装

3. 月季在日本的发展

中国月季于日本平安时代（794—1192 年）传入东瀛，取名"庚申月季"（Koushin bara）。日本古代绘画《春日权现绘卷》描绘着一株直立小灌木状蔷薇，花枝细柔，叶片狭长，花梗较短，萼片较长，重瓣，深红色，这便是中国典型的月月红类月季。此后，日本花卉园艺渐入佳境。至江户时代，中国月季的形象纷纷出现在《梅园草本》等许多花卉谱牒类绘画中，其形态特征也各有千秋。江户时代，先后到达日本的中国古老月季种类很多，比较典型的有月月红、白长春（即重瓣白花香水月季）、宝相、丽春、青花（绿萼）、牡丹月季、鹅黄蔷薇、重瓣白木香、单瓣缫丝花、重瓣缫丝花、重瓣玫瑰、金樱子、红花金樱子等。

日本政府对切花月季的工业化栽培给予了很大的扶持和补贴，加之高新技术在园艺中的应用，对日本切花月季的发展起到了极大的促进作用，从经营规模到技术手段都有极大的提高。但由于气候地理条件不太适宜，因此日本属于高能耗型生产国，因此要达到切花月季的优质高产，需要投入大量的加温、人工补光、二氧化碳施肥等费用。而且劳动力成本也高，所以与其他月季生产国家相比并不具备优势。基于此日本转而投入切花月季栽培技术及新品种研发，降低能源消耗及成本，提高栽培技术从而增加月季生产产量及品质，重点培养新品种。因为月季中缺少类黄酮 3,5-羟化酶（$3',5'$-hydoxylase，$F3'5'H$），所以自然界中没有天然的蓝色月季，目前日本正着力研究蓝色切花月季的基因育种（图 1-6）。

图 1-6　日本培育的蓝色月季（Applause）

（四）月季文化及象征

月季起源于中国，18 世纪中期，中国古老月季传入欧洲，与当地原产的蔷薇品种反复杂交和回交，才出现了花香、色艳、四季开花、风姿绰约的现代月季。经过 2 000 多年的传承、演变、交流和发展，月季无论在东西方的文化中都被赋予了丰富的文化内涵。在欧洲，月季象征着圣洁、和平和爱情。在中国，月季则是生命长春和顽强奋斗的代表。正因为月季有着丰富美好的含义才广受世界各国人民的喜爱。

（1）**圣洁**　玫瑰分别在科隆画派画家斯特凡·洛赫纳（Stephan Lochner，约 1405—1451）的作品《玫瑰亭中的圣母玛利亚》和马丁·舍恩高尔（MartinSchongauer，1435—1491）的作品《玫瑰篱笆内的圣母玛利亚》中出现红白两种"玫瑰"（图 1-7）。白色"玫瑰"象征着圣母玛利亚的谦逊，红色"玫瑰"则代表她的仁爱。因此圣母玛利亚又被称为"玫瑰圣母"，还有一种说法认为象征圣母的是无刺的玫瑰，意味着圣洁、高贵和美好。

图 1-7　斯特凡·洛赫纳《玫瑰亭中的圣母玛利亚》（左）及
马丁·舍恩高尔《玫瑰篱笆内的圣母玛利亚》（右）

哥特式教堂的建筑特色之一就是镶嵌彩色玻璃的巨大花窗，当阳光透过花窗照进来时，可以把教堂渲染得缤纷迷离，让人们感受到恍若天堂的神圣感。而玫瑰窗（The Rose Window）则以"玫瑰"浮雕和花纹等对建筑进行装饰，是一种仿照玫瑰花的形状及滑板的圆形窗户，以漂亮的彩色玻璃镶嵌其中，拼组成一幅幅五颜六色的宗教故事，生动形象地向民众宣传教义。其中著名的当属巴黎圣母院中的玫瑰窗（图 1-8）。因其呈圆形放射状，镶嵌着美丽的彩绘玻璃，形似玫瑰而得名。

图1-8　巴黎圣母院中的"玫瑰窗"

（2）**爱情**　在古希腊、罗马神话中，玫瑰是爱与美的化身。爱与美的女神维纳斯（Venas）的情人在狩猎的过程中，遇野猪的攻击失血而死。维纳斯跑到爱人身边，悲痛欲绝，眼泪滴到了他的血液中，在泪水和血的混合物中长出了美丽的、芳香的、血红色的红玫瑰。还有一种说法是，维纳斯为了寻找受了重伤的爱人，匆忙中被玫瑰花丛中玫瑰刺刺破了她的腿，鲜血滴在白玫瑰的花瓣上，将白玫瑰浸染成了红色，因此红玫瑰也成了坚贞爱情的象征。相传，在古罗马时期，每年的2月14日人们要敬拜天后朱诺，因为她是女性婚姻幸福的保护神。这一天，陷入爱河的男女皆用红色的玫瑰花送给自己的心上人，表达浓浓的爱意，后来玫瑰就被世人冠以"爱情之花"的称号。

（3）**和平**　和平月季是第二次世界大战期间法国人弗兰西斯·梅朗培育的品种。为了保护这个新品种不遭受纳粹的踩踏，他把和平分别送至世界各地的月季园进行栽培试验。为了表达人类对和平的期盼，美国月季协会决定在1945年4月29日，即太平洋月季协会成立当天，将这个新品种接穗"Mme A. Meilland"命名为和平。巧合的是就在和平月季命名的这一天，柏林被攻陷，希特勒战败投降。同年联合国成立并召开第一次会议时，每个与会代表房间的花瓶里，都插有一束美国月季协会赠送的和平月季，上面写着：我们希望和平月季能够影响人们的思想，给全世界以持久和平。为了纪念在第二次世界大战期间，被法西斯迫害的无辜百姓，1955年在一个叫里斯底的村子中建起了一个月季园，其中主要的品种就是和平。世界上许多国家也都建有和平月季园，以表达对和平的渴望和对侵略者的痛恨。和平月季被公认为是20世纪最伟大的月季品种，先后获得美国AARS奖、英国RNRS奖、世界月季联合会WFRS奖。和平月季备受育种家的青睐，培育出了系列优秀月季品种，如黄和平、粉和平、蓝和平、红和平、芝加哥和平、和平之光、北京和平等。

（4）**长春**　月季在中国又被称为"月月红""长春花""斗雪红""胜春""人间不老春"

等,因其具有四季长春、连续开花的特性,历来被文人骚客咏颂赞扬。宋代诗人杨万里在《腊前月季》一诗中写道:"只道花无十日红,此花无日不春风。"以此来形容月季四季开花不断、似春常在的美好。此外描写月季四时长开的诗句还有苏轼《月季》中的"花落花开无间断,春来春去不相关……唯有此花开不厌,一年长占四时春"。韩琦的"何似此花荣艳足,四时长放浅深红"。宋月季花图纨扇本题诗:"花备四时气,香从雁北来,庭梅休笑我,雪后亦能开。"宋代徐积在《长春花》一诗中以似嗔似怨的语气赞美月季:"曾陪桃李开时雨,仍伴梧桐落叶风。费尽主人歌与酒,不教闲却卖花翁。"这种无论盛夏严冬都能四季盛放、娇艳芬芳的花卉深受古今中国人民的喜爱,代表了人民对美好的向往及希冀,无论在何时何地、何种条件下都要保持自己的本色,保持高尚美好的品格。

(5)**顽强** 人们对于月季的喜爱不仅是因为月季优美的花姿和馥郁的香气,更是因为它顽强生长的姿态象征着炎黄子孙顽强不息、不屈不挠、坚韧不拔的精神风貌。正如苏辙在《所寓堂后月季再生》中所描绘的:"何人纵寻斧,害意肯留卉。偶乘秋雨滋,冒土见微苗。猗猗抽条颖,颇欲傲寒冽。"描写了月季顽强的生命力和敢于与恶劣环境斗争的精神。月季顽强的生命力可以从以下两个方面来理解:其一,月季的繁殖能力极强。可通过扦插、嫁接等方法轻松地繁育。地上部分受到破坏或齐根修剪后,只要根在,亦能发芽开花。其二,月季可以在极其恶劣的环境中生长。北京故宫博物院收藏的清代画家居廉的国画作品《花卉昆虫图之月季》,描绘了一株在岩石缝中生长的月季,尽管土地贫瘠、生长环境恶劣,却依旧枝繁叶茂、花姿优美繁茂。这种与自然抗争、顽强生长的精神让人折服。

(6)**吉祥** 在中文发音中,"季"同"吉",月季就可以理解为月月吉祥,又因为月季花朵繁茂,所以月季花组成的图案也象征吉祥。因为月季代表的美好象征,所以无论皇亲贵戚还是平民百姓,都喜欢用月季图案做装饰。古代瓷器上大量绘有的月季纹饰,也可以证明月季在我国拥有悠久的栽培历史。明代有"月季花"和"鸡"组成的"双吉"图案的"斗彩鸡缸杯"。清代有"五彩十一月季花神杯",月季花随风摇曳,红花争艳,寓意吉祥、吉利(图1-9)。自古以来,描写月季的诗歌、散文等文学作品,颂扬月季的绘画、摄影作品,反映月季形象的工艺品,以月季为主材的插花艺术作品等层出不穷,月季已深入到我们的精神文化生活之中。国家邮政局还专门为我国自育的月季品种发行了一套特种邮票(图1-10)。此外,人们还以月季为原料来制造各种产品,如玫瑰酱、玫瑰酒、玫瑰精油、玫瑰饼、玫瑰蜜。用干花瓣做成香花瓶、香花袋等。可见月季也已渗透到我国饮食文化、酒文化、化妆品、装饰品等物质生活的各个领域之中。

图1-9 斗彩鸡缸杯和五彩十一月季花神杯

图1-10 《月季花》特种邮票

（五）中国月季产业化发展现状

1. 中国现代月季的育种

我国现代月季的育种大致分为起步、快速发展和健康发展三个阶段。起步阶段始于20世纪60年代，期间仅有少量新品种育成，杭州花圃宗荣林在此期间培育了"绿云""黑旋风"等一些优质品种。

1980年之后，月季育种进入了快速发展的阶段，当时的育种主力是个人，如宗荣林、李鸿权、周进发先生等；培育出了如"怡红院""上海之春"等适于盆栽或庭园栽培的杂种香水月季品种。育种的途径多是杂交育种，只有少量的芽变和辐射育种。相对于全世界有记载的25 000多个品种而言，这个阶段的中国自育月季品种在数量上还是相对落后。

王世光等(2010)主编的《中国现代月季》收录了1957~2007年这50年间中国自育的337个现代月季品种。其中,杂种香水月季239种,占70.9%;聚花月季34种,占10.1%;攀缘月季32种,占9.5%;灌丛月季12种,占3.6%;壮花月季和微型月季各4种,各占1.2%;小姐妹月季1种,约占0.3%,其他11种,约占3.2%。可见,花形优美、芳香馥郁的香水月季是中国月季育种家主要的育种对象。

1998年至今,随着《植物新品种保护法》的实施,现代月季的育种进入了健康发展的阶段。目前国内月季育种的主力是私营的花卉苗木公司和部分科研单位,如昆明杨月季园艺有限责任公司、通海丽都花卉有限公司、焦作市风景园林管理处、云南省农业科学院等单位。至今国家林业局授权的蔷薇属品种共175个(包括国外公司培育的取得中国品种权的新品种),其中国内申请的有82个,占46.9%。2008年奥运会和残奥会颁奖用花的主花材雅苏娜(商品名"中国红")就是通海丽都花卉有限公司自育的具有品种权的新品种(图1-11)。随着时间的推移,加入到月季育种行业的科研机构及公司数量不断增加,育成的月季新品种数量也逐年增加。2000~2009年10年间,我国共育成月季新品种40个,月季育种数量在2012年达到峰值,2012年后基本趋于稳定。

图1-11　2008年奥运会中使用的"中国红"

然而,中国现代月季品种培育工作仍存在一些问题。首先,培育优良新品种的育种单位或个人太少,多集中于云南和北京两地;其次,培育的新品种数量较少,自2000~2014年,不过82个;最后,培育的新品种特性不强、品质不高或推广应用不力,并没有取得较大的经济效益。这些问题已受到国内月季工作者及花卉育种专家的重视,通过不断努力和不断完善,我国的月季育种工作将越来越好。同时,月季新品种的国际登录也取得进展,如李鸿权培育的怡红院,俞红强培育的东方红、美人香、香妃、醉红颜都已被国际品种权威登录。

关于月季育种,我们需要首先明确育种目标。现在的月季研究人员和生产者对于月季育种的目标已经从最初只集中在外部形态(观赏性)上,如花型、花色、株型以及花香的育种研究,转变为更多地关注月季的栽培品质,包括其耐寒、耐热性,抗病虫害的能力以及瓶插寿命。2000~2016年中国月季自育品种名录见表1-1。

表1-1 2000~2016年中国月季自育品种名录

授权日期	品种名称	申请人	育种者
2000/4	太行之恋	焦作市风景园林管理处	李秀华、赵卫星
2000/4	贵夫人	焦作市风景园林管理处	李秀华、赵卫星
2000/4	山阳红	焦作市风景园林管理处	李秀华、赵卫星
2000/4	女王之王	焦作市风景园林管理处	李秀华、赵卫星
2000/4	挚友	焦作市风景园林管理处	李秀华、赵卫星
2004/9	冰清	昆明杨月季园艺有限责任公司	杨玉勇
2005/11	米雅	通海丽都花卉有限公司	朱应雄、罗春炉、禄金梅等
2005/11	艾丽	通海丽都花卉有限公司	朱应雄、罗春炉、禄金梅等
2005/11	雅苏娜	通海丽都花卉有限公司	朱应雄、罗春炉、禄金梅等
2005/11	云熙	通海丽都花卉有限公司	朱应雄、沐婵、储华仙
2005/11	雅美	通海丽都花卉有限公司	朱应雄等
2005/12	友谊	昆明杨月季园艺有限责任公司	杨玉勇
2005/12	往日情怀	昆明杨月季园艺有限责任公司	杨玉勇
2005/12	粉钻	昆明杨月季园艺有限责任公司	杨玉勇、吴华、蔡能等
2005/12	红宝石	昆明杨月季园艺有限责任公司	杨玉勇、吴华、蔡能等
2007/4	云玫	云南省农业科学院	唐开学、张颢、李树发等
2007/4	云粉	云南省农业科学院	唐开学、张颢、李树发等
2007/1	丽娜	云南丽都花卉产业发展有限公司	朱应雄、罗春炉、程怀章等
2007/1	安琪拉	云南丽都花卉产业发展有限公司	朱应雄、罗春炉、程怀章等
2007/1	美琪	云南丽都花卉产业发展有限公司	朱应雄、罗春炉、程怀章等
2007/1	瓦蒂	云南丽都花卉产业发展有限公司	朱应雄、罗春炉、程怀章等
2007/1	艾佛莉	云南丽都花卉产业发展有限公司	朱应雄、罗春炉、程怀章等
2008/5	日光石	昆明杨月季园艺有限责任公司	杨玉勇、张启翔、潘会仁等
2008/5	桃花石	昆明杨月季园艺有限责任公司	杨玉勇、张启翔、潘会仁等
2008/5	黑玉	昆明杨月季园艺有限责任公司	杨玉勇、张启翔、潘会仁等
2008/5	金玉	昆明杨月季园艺有限责任公司	杨玉勇、张启翔、潘会仁等
2008/5	红玉	昆明杨月季园艺有限责任公司	杨玉勇、张启翔、潘会仁等
2008/12	特娇	北京联合大学	鲍平秋、张雷、丁艳丽等

授权日期	品种名称	申请人	育种者
2008/12	特俏	北京联合大学	鲍平秋、张雷、丁艳丽等
2009/12	云艳	云南省农业科学院	张颢、李树发、王其刚等
2009/12	蜜糖	云南省农业科学院	张颢、李树发、王其刚等
2009/12	粉妆	云南省农业科学院	张颢、李树发、王其刚等
2009/12	华贵人	昆明锦苑花卉产业有限公司	倪功、曹荣根、王富权等
2009/12	黄莺	昆明锦苑花卉产业有限公司	倪功、曹荣根、王富权等
2009/12	芙蓉石	昆明杨月季园艺有限责任公司	杨玉勇、高俊平、赵梁军等
2009/12	孔雀石	昆明杨月季园艺有限责任公司	杨玉勇、张启翔、潘会堂等
2009/12	虎睛石	昆明杨月季园艺有限责任公司	杨玉勇、张启翔、潘会堂等
2009/12	俏玉	昆明杨月季园艺有限责任公司	杨玉勇、张启翔、潘会堂等
2009/12	董青石	昆明杨月季园艺有限责任公司	杨玉勇、张启翔、潘会堂等
2012/4	汉宫粉荷	北京林业大学	张启翔、罗乐、叶灵军等
2012/4	灵犀一点	北京林业大学	张启翔、杨玉勇、孙明等
2012/4	圣火传奇	云南丽都花卉产业发展有限公司	朱应雄
2012/4	出水芙蓉	云南丽都花卉产业发展有限公司	朱应雄
2012/4	月光爱人	云南丽都花卉产业发展有限公司	朱应雄
2012/4	多娇	北京联合大学	鲍平秋、丁艳丽、张雷
2012/4	多俏	北京联合大学	鲍平秋、张雷、丁艳丽
2012/7	芳纯如嫣	北京林业大学	张启翔、叶灵军、罗乐等
2012/7	凌波仙子	云南锦苑花卉产业股份有限公司	曹荣根、李广鹏、倪功等
2012/7	天山祥云	伊犁师范学院奎屯校区	郭润华、隋云吉、刘虹的等
2012/7	蝶舞晚霞	北京林业大学	张启翔、潘会堂
2012/7	蜜月	云南省农业科学院	张颢、王其刚、李树发等
2012/7	粉红女郎	云南省农业科学院	张颢、李树发、王其刚等
2012/7	赤子之心	云南省农业科学院	张颢、王其刚、蹇洪英等
2012/12	妃子笑	北京林业大学	张启翔、白锦荣、潘会堂等
2012/12	月光	云南锦苑花卉产业股份有限公司	倪功、曹荣根、李飞鹏等
2012/12	秀山红	云南锦苑花卉产业股份有限公司、云南省农业科学院花卉研究所	朱应雄、蹇洪英、王其刚等
2012/12	东方红	中国农业大学	俞红强

授权日期	品种名称	申请人	育种者
2012/12	火凤凰	中国农业大学	俞红强
2012/12	火焰山	中国农业大学	俞红强
2012/12	香妃	中国农业大学	俞红强
2012/12	璞玉	昆明杨月季园艺有限责任公司	杨玉勇、蔡能、李俊等
2012/12	钻石	昆明杨月季园艺有限责任公司	杨玉勇、蔡能、李俊等
2012/12	红颜	昆明杨月季园艺有限责任公司	杨玉勇、蔡能、李俊等
2013/6	花轿	云南省农业科学院花卉研究所	蹇洪英、王其刚、邱显钦等
2013/6	粉荷	中国农业大学	俞红强
2013/6	碧玉	昆明杨月季园艺有限责任公司	杨玉勇、蔡能、李俊等
2013/6	彩玉	昆明杨月季园艺有限责任公司	杨玉勇、蔡能、李俊等
2013/6	月光石	昆明杨月季园艺有限责任公司	杨玉勇、蔡能、李俊等
2013/6	石榴石	昆明杨月季园艺有限责任公司	杨玉勇、蔡能、李俊等
2013/6	粉妆阁	云南丽都花卉发展有限公司、 云南省农业科学院花卉研究所	王其刚、蹇洪英、张颢等
2013/6	红丝带	云南丽都花卉发展有限公司、 云南省农业科学院花卉研究所	王其刚、蹇洪英、张颢等
2013/6	热舞	中国农业大学	俞红强
2013/6	雨花石	昆明杨月季园艺有限责任公司	杨玉勇、蔡能、李俊等
2013/6	醉红颜	中国农业大学	刘青林、游捷、俞红强
2013/6	美人香	中国农业大学	刘青林、游捷、俞红强
2013/12	香颂	北京林业大学国家花卉工程技术研究中心	张启翔、于超、潘会堂等
2013/12	醉蝶	云南云科花卉有限公司、 云南省农业科学院花卉研究所	李树发、蹇洪英、邱显钦等
2013/12	高原红	云南云科花卉有限公司、 云南省农业科学院花卉研究所	张婷、蹇洪英、王其刚等
2013/12	金秋	云南锦苑花卉产业股份有限公司、 石林锦苑康乃馨有限公司	倪功、曹荣根、李飞鹏等
2013/12	春潮	北京市园林科学研究所	巢阳、勇伟
2013/12	东方之珠	北京市园林科学研究所	冯慧、巢阳、丛日晨等
2013/12	开阳星	昆明杨月季园艺有限责任公司	张启翔、杨玉勇、蔡能等

授权日期	品种名称	申请人	育种者
2013/12	摇光星	昆明杨月季园艺有限责任公司	张启翔、杨玉勇、蔡能等
2013/12	金辉	段金辉	段金辉、王其刚、李树发
2014/6	红五月	北京市园林科学研究所	巢阳、勇伟
2014/6	小鱼鳞云	昆明杨月季园艺有限责任公司	张启翔、杨玉勇、蔡能等
2014/6	乡恋	昆明锦苑花卉产业股份有限公司	孙立忠、曹荣根、李飞鹏等
2014/6	粉嘟嘟	云南云科花卉有限公司、云南省农业科学院花卉研究所	邱显钦、王其刚、蹇洪英等
2014/6	胭脂扣	云南省农业科学院花卉研究所	李树发、王其刚、张婷等
2014/6	红莲舞	北京林业大学、国家花卉工程技术研究中心	张启翔、罗乐、于超等
2014/6	天山霞光	伊犁师范学院奎屯校区、北京市辐射中心、奎屯鸿森农林科技有限责任公司	郭润华、隋云吉、杨逢玉等
2014/12	火烧云	昆明杨月季园艺有限责任公司	伙秀丽、杨玉勇、蔡能等
2014/12	天权星	昆明杨月季园艺有限责任公司	赖显凤、杨玉勇、蔡能等
2014/12	星星之火	江苏省林业科学研究院	汪有良、黄立斌、蒋泽平
2014/12	红盖头	云南云科花卉有限公司、云南省农业科学院花卉研究所	晏慧君、李树发、蹇洪英等
2014/12	锦云	云南锦苑花卉产业股份有限公司	倪功、曹荣根、田连通等
2014/12	都市丽人	云南尚美嘉花卉有限公司、云南省农业科学院花卉研究所	晏慧君、王其刚、赵家清等
2014/12	白云石	昆明杨月季园艺有限责任公司	张启翔、罗乐、程堂仁等
2014/12	秦淮仙女	江苏省林业科学研究院	汪有良、黄立斌、蒋泽平
2014/12	蝴蝶泉	中国农业大学	俞红强、游捷、刘青林
2015/9	芙蓉芳华	北京林业大学	张启翔、于超、罗乐等
2015/9	锦辉	云南锦苑花卉产业股份有限公司	倪功、曹荣根、田连通等
2015/9	蝶恋	云南锦苑花卉产业股份有限公司	倪功、曹荣根、田连通等
2015/9	粉娜	云南锦苑花卉产业股份有限公司	倪功、曹荣根、田连通等
2015/9	曙光1号	云南云科花卉有限公司、云南省农业科学院花卉研究所	李淑斌、王其刚、晏慧君等
2015/9	心相印	通海锦海农业科技发展有限公司	董春富、毕立坤、胡颖
2015/9	红唇	通海锦海农业科技发展有限公司	董春富、毕立坤、胡颖

续表

授权日期	品种名称	申请人	育种者
2015/9	珍奇奶酪	北京林业大学	张启翔、罗乐、于超等
2015/9	绯玉	昆明杨月季园艺有限责任公司	高俊平、张常青、马男等
2015/9	葡萄石	昆明杨月季园艺有限责任公司	高俊平、张常青、马男等
2015/9	海韵	云南云科花卉有限公司、云南省农业科学院花卉研究所	王其刚、晏慧君、邱显钦等
2015/9	碧妆	云南锦苑花卉产业股份有限公司	倪功、曹荣根、田连通等
2015/12	烟霞石	昆明杨月季园艺有限责任公司	王巍、蔡能、张启翔等
2015/12	小雾云	昆明杨月季园艺有限责任公司	王云德、蔡能、张启翔等
2015/12	雪忆	云南云科花卉有限公司、云南省农业科学院花卉研究所	蹇洪英、周宁宁、李淑斌等
2015/12	莲花公主	陈弘安、王巧云	陈弘安、王巧云
2015/12	玉衡星	昆明杨月季园艺有限责任公司	张启翔等
2015/12	心意	云南锦苑花卉产业股份有限公司	倪功、曹荣根、田连通等
2015/12	碧玉丹心	云南云科花卉有限公司、云南省农业科学院花卉研究所	邱显钦、唐开学、王其刚等
2015/12	香依	中国农业大学、天津绿茵景观工程有限公司	俞红强、游捷、刘青林等
2016/8	粉晶石	昆明杨月季园艺有限责任公司	高俊平、张常青、马男等
2016/8	天河石	昆明杨月季园艺有限责任公司	张启翔、罗乐、程堂仁等
2016/8	萤石	昆明杨月季园艺有限责任公司	蔡能、张启翔、罗乐等
2016/8	瑞云	昆明杨月季园艺有限责任公司	白锦荣、杨玉勇、蔡能等
2016/8	天枢星	昆明杨月季园艺有限责任公司	张启翔、潘会堂、王佳等
2016/8	少女之心	云南尚美嘉花卉有限公司	赵家清、王其刚、王丽花等
2016/8	香恋	中国农业大学	俞红强、游捷、刘青林
2016/8	吻别	通海锦海农业科技发展有限公司	董春富、毕立坤、胡颖
2016/8	纳波湾	北京纳波湾园艺有限公司、中国农业大学	俞红强、游捷、王波
2016/8	约定	北京纳波湾园艺有限公司、中国农业大学	俞红强、游捷、王波
2016/8	粉花毯	北京市园林科学研究院	巢阳、勇伟、冯慧等
2016/12	北林橙星	北京林业大学	张启翔、于超、潘会堂等
2016/12	胭脂红	北京市辐射中心	白锦荣、尚宏忠、孔滢等
2016/12	浴火凤凰	云南省农业科学院花卉研究所	邱显钦、王其刚、唐开学等

授权日期	品种名称	申请人	育种者
2016/12	甜蜜的梦	中国农业大学、北京纳波湾园艺有限公司	俞红强、游捷、王波等
2016/12	情歌	中国农业大学、北京纳波湾园艺有限公司	俞红强、游捷、王波等
2016/12	雪孩儿	北京市园林科学研究院	冯慧、巢阳、周燕等
2016/12	碧霞	中国科学院华南植物园	宁祖林、曾振新、李冬梅等

2. 中国月季苗木及盆花生产

月季苗木的生产包括扦插苗和嫁接苗,是月季生产产业的重中之重。月季根据不同的株型有着不同的园林应用,杂种香水月季(大花月季)是月季园和园林应用的主要类型,其中树状月季可作小乔木或者主景树,丰花月季是花坛和花带(色块)的主要花材,藤本月季可以用于藤架和垂直绿化,地被月季和微型月季可作为地被植物。大花月季和微型月季可用于月季盆花的栽培。同时月季还可以做成盆景。

目前,中国已有一批初具规模并专业从事月季苗木和盆花生产的企业。月季苗木生产愈加规范、分级标准更加明确,营养钵、容器育苗技术已经达到较高的水准,树状月季、古桩月季的嫁接也具备有效的技术手段。在长期的生产实践中,企业形成了具有特色的月季产品,如南阳月季基地的树状月季、北京卉隆月季基地的实生砧嫁接苗已经声名远播,远销海内外。卧龙区石桥镇月季种植面积 6 000 多亩,年出圃苗木 1.2 亿株,产值达亿元以上,月季苗木供应量占国内市场的 80%,并出口到荷兰、巴西、日本等国,占我国月季出口总量的 60%。"中国月季之乡"南阳市龙头企业——南阳月季基地,位于卧龙区石桥镇,由赵国有先生创建于 1983 年,是一家集科研、生产、销售于一体,专项生产月季(玫瑰)种苗的民营企业。现拥有种植规模 3 000 余亩,精优品种 600 多个;年产树状月季、大花月季、藤本月季、地被月季、丰花月季、微型月季及切花月季等各类种苗 3 000 万株以上,是目前中国最大的月季种苗繁育基地。据不完全统计,2011 年,南阳月季基地和北京纳波湾园艺有限公司共销售月季裸根苗 6 000 万株,月季盆花 500 万盆。2008 年,南阳市首家月季专业合作社——南阳月季合作社在政府的引导下成立,将石桥镇多家月季种植大户及分散小户组织起来,整合土地、资金、人员等资源,引导月季种植户走向规模化、产业化的道路。

北京纳波湾园艺有限公司是以生产、销售各类月季种苗、月季工程苗、承接月季主题公园、城乡绿化工程等为主的月季专业公司,是北京市市花月季出口基地。公司总部设在北京市大兴区魏善庄镇,在北京、河南、山西、杭州等地设有生产基地 2 000 余亩,年生产各类月季种苗 2 000 多万株。根据国内外市场需求,为了配合北京推广普及市花月季和提升国际大都市形象的要求,纳波湾园艺公司已形成研发、生产、销售一条龙的月季产业链。目前,公司拥有大花、丰花、藤本、地被、微型、切花月季品种 500 多个,包括红、黄、粉、白、紫、蓝、黑红及复色等 8 个色系。此外还有树状月季、古桩月季、盆花月季、玫瑰香料、礼品月季等多个具有不同功能的月季产品系列。

昆明杨月季园艺有限责任公司是专业从事鲜花及种苗生产、加工、贸易和新品种、新技术研发的民营企业。生产基地占地 306 亩,温室面积 170 亩,露地种植面积 80 亩,建有现代化冷库、采后处理车间、病虫害熏蒸房、土壤化验室等。基地日产鲜花 2 万余枝,70% 以上出口,远销日本、韩国、澳大利亚、东南亚各国及地区。公司是国家"863"计划云南花卉技术开发与应用项目示范基地、国家高技术产业化示范工程。荣获"昆明市 2000年度先进私营企业""昆明市国内经济技术联合协作先进企业"。

山东省莱州市有"中国月季花之都"的美誉。月季栽培历史已有 630 多年,保存 600多个品种,目前生产 360 多个品种,年产月季苗 1 200 万株,畅销全国 29 个省、自治区、直辖市,出口至欧美、日、韩等国家和港澳地区,是我国北方最大的月季生产基地,已经形成一个年销售收入 1 500 多万元的产业,是当地花农的主要经济来源。为进一步服务"三农"发展,提升莱州形象,莱州市工商局 2011 年将"莱州月季"确定为地理标志商标的重点培育对象,指导组织花卉协会完成了"莱州月季"地理标志商标的申请注册材料,已正式上报国家商标局。江苏沭阳有"中国花木之乡"的美誉,那里月季盆花生产规模很大,2004 年沭阳的 16 万株月季顺利进入德国市场,标志着沭阳花卉苗木向国际市场迈出了关键的一步。

海南省三亚市亚龙湾国际玫瑰谷将建成全国最大的月季种植基地,这将是一个集种植、精加工、展示、旅游度假为一体的月季观光产业园。中国月季苗木企业及其产量见表1-2。

表 1-2　中国月季苗木企业及其年产量一览表

企业名称	所在省区	产品特色	苗木（万株）	盆花（万盆）
北京滢泽芳卉月季园	北京市 010-69456684	三至四年生月季苗木	100	
北京卉隆月季基地	北京市 010-80711688	实生砧嫁接苗木	70	10
北京纳波湾园艺有限公司	北京市大兴区,010-89230888 13161725513	树状月季、古桩月季的推广,月季主题公园规划建设,月季新品种培育	1 200	
北京盛芳园花卉公司	北京市 010-83794319	月季和高档盆花	100	30
北京朝来鼎邦农业科技发展有限公司	北京市 010-84919888	现代化月季切花种植、种苗繁育、销售		
辽阳市千百汇月季种植专业合作社	辽阳市 0419-2163292	品种苗、老桩		

企业名称	所在省区	产品特色	苗木 （万株）	盆花 （万盆）
莱州市梅佳苑苗圃	山东省莱州市 0535 – 2486105	营养钵月季	50	20
南阳月季基地	河南省南阳市石桥镇 13937728851	树状月季、月季营养钵苗	6 000	500
南阳金鹏月季有限公司	河南省南阳市石桥镇 0377 – 63381970	规模化种苗生产， 月季苗木出口	3 000	500
南阳月季集团 （南阳文鲜月季科普基地）	河南省南阳市 13838722150	树状月季	2 000	
南阳月季合作社	河南省南阳市石桥镇 0377 – 68029998	月季出口苗木	1 500	
南阳合众月季进出口 有限公司	河南省南阳市 0377 – 61899169	树状月季、古桩月季和 藤本月季选育与推广	1 000	
南阳市卧龙区成教 月季繁育基地	河南省南阳市 13937728695	高品质无根瘤病的 各色系月季种苗	1 000	
南阳市卧龙区月季繁育场	河南省南阳市卧龙区 0377 – 68026505	切花、大花、丰花、藤本、微型、 地被等系列	1 000	
锦绣月季繁育基地	河南省南阳市 13938997686	优良奇缺月季种苗的 繁育和嫁接		
南阳月季繁育中心	石桥镇 13849708156	切花、大花、丰花、藤本、 微型、地被、食用玫瑰生产		
万景月季	河南省南阳市 0377 – 8026966			
任氏月季	河南省南阳市 0377 – 8026992			
巩义市钰鑫月季种苗 有限公司	河南省巩义市 0371 – 64260558	丰花、大花、立体绿化藤本、 地被、微型、玫瑰	2 500	
昆明杨月季园艺 有限责任公司	昆明市 1398867204	月季新品种培育，切花系列		

3. 中国切花月季的生产

我国切花月季生产起步晚,上海在 19 世纪 50 年代曾有小规模生产。20 世纪 80 年代后,北京、广州、深圳等地开始了温室切花月季生产。1998 年之后,月季生产与销售基本保持了逐年增长的趋势。2000~2012 年,中国切花月季种植面积从 2 450.78 公顷增加到 13 869.80 公顷,扩大了约 5.66 倍。销售量从 94 865.32 万枝增加到 470 999.60 万枝,扩大了约 4.96 倍;销售额从 50 423.20 万元增加到 298 324.20 万元,扩大了约 5.92 倍。中国的月季切花产业已初具规模,种植面积、销售量、销售额均呈现稳步上升的趋势,单位面积销售量、单位面积销售额、单价呈现上下波动的趋势。截至 2012 年月季切花在我国已位于四大切花之首,种植面积(30.2%)和销售量(29.2%)都稳居第一位,销售额仅居百合之后。切花月季的销售每年有两个旺季和两个淡季。因为节庆日的原因,每年第一季度是全年的销售高峰,第四季度是全年次高峰。其中,高价密集区往往分布于 2~3 月,峰值为每枝 1.66 元;次高峰 10~12 月,峰值为每枝 1.05 元。另一方面,每年的 4 月和 9 月,即夏秋季期间,是月季产量最高、产品整体质量低的时段,也是全国消费量少的时期,是月季生产销售的两个淡季。

从切花月季的生产形式上看,南方主要是露地生产为主,北方主要是利用保温设施进行生产。一些大规模的月季生产者从美国、荷兰及东欧等国引进全自动的现代化温室进行生产,显著提高了切花月季的产量及品质,但经济成本过高。近几年北方的河南、河北、山东、辽宁和天津等地,开始采取更加经济的日光温室和塑料大棚,仅有少量的加温温室和连栋大棚等现代化智能温室生产。但是,日光温室和塑料大棚毕竟是简易设施,在冬季保温和夏季降温、湿度平衡、病虫害防治等方面存在着一些问题,较难做到周年生产,春夏季产量过于集中,秋冬季产量较低。切花也存在质量相对较低、瓶插寿命较短等问题。所以,如何进行合理调控温度和空气相对湿度,及时控制病虫害,提高切花质量,稳定市场供应,增加经济效益等,都需要进一步科学研究。

近些年来,云南昆明因其独特的地理和运输优势,月季切花产业发展迅速,依托多所科研机构和院校,积极培育新品种,改良栽培技术,成为中国最大的切花生产基地。

2000~2012 年中国月季切花种植面积及销售量等变化曲线见图 1-12~图 1-15。

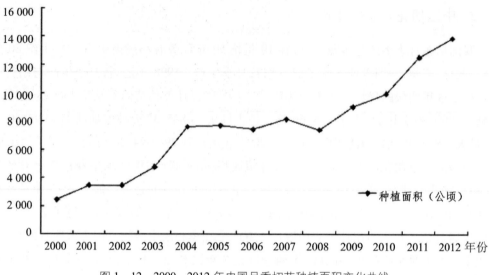

图1-12　2000~2012年中国月季切花种植面积变化曲线

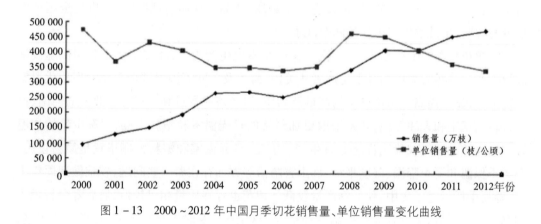

图1-13　2000~2012年中国月季切花销售量、单位销售量变化曲线

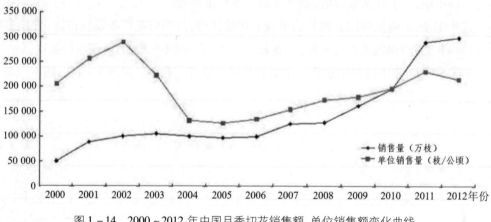

图1-14　2000~2012年中国月季切花销售额、单位销售额变化曲线

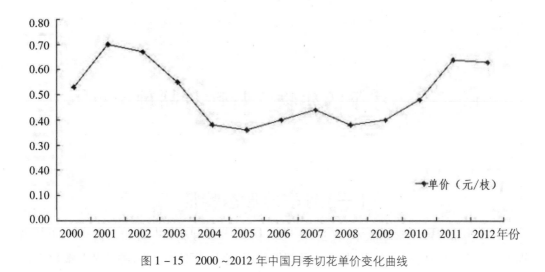

图 1 - 15　2000～2012 年中国月季切花单价变化曲线

二、月季的生物学特性与品种类群

（一）月季的形态特征

月季为常绿或半常绿灌木,直立、蔓生或攀缘,大多有皮刺。奇数羽状复叶,叶缘有锯齿。花单生枝顶,或成伞房、复伞房及圆锥花序;萼片为羽状5裂,萼片及花瓣数为5,少数为4,栽培品种多为重瓣;萼、冠的基部合生成坛状、瓶状或球状的萼冠筒,颈部缢缩,有花盘;雄蕊多数,着生于花盘周围;花柱伸出,分离或上端合生成柱。聚合果包于萼冠筒内。

1. 花与花型

月季花生于茎顶,单生或丛生。作切花使用的多为单生,现也有丛生的多头切花月季。由枝条中央位置长出的花芽称为主芽,由叶腋长出的花芽称为侧芽。切花品种以主芽长成的花蕾为佳,在侧芽形成之前将其摘除。根据花瓣数多少,月季可分为单瓣(5瓣)、复瓣(5~15瓣)、重瓣(20~30瓣)及完全重瓣(30瓣以上)月季。切花月季多使用重瓣及完全重瓣。根据花朵开放时的形状,可分为平瓣型、球状型、杯状型、莲座状型、高心状型、四心莲座状型、壶状型和绒球型等(图2-1)。作切花使用时,要求花型为高心状或者平头状。

2. 茎及皮刺

月季植株可分为直立型、半直立型和开张型三类。月季植株局部见图2-2。茎初生时为紫红色,叶片展开时茎变为绿色,当年生的茎为青绿色,枝条光滑并富有光泽,老茎则呈灰褐色,光泽消失,枝条变粗糙。茎上生有尖而挺的皮刺,皮刺的疏密程度因品种而异,现在有许多切花月季品种几乎没有刺。主枝上长出的带花蕾枝条称为着花枝,也称为切花枝;只有叶片而无花蕾的枝条,称为营养枝,又称为封顶枝。对于嫁接苗,从嫁接口以上长出的粗壮芽称为脚芽,根据需要可以培养成更新枝。在嫁接口以下长出的,或根部长出的新芽称为砧芽,需要及时去除,避免养分流失,减弱了花芽分化和花蕾形成的能力,进而影响切花的数量和质量。

平瓣型
单瓣,开放后完全露心,典型代表见于原种月季种类。

球状型
重瓣或完全重瓣,大小相同、相互交叠的花瓣形成一碗状或圆球状花型。

杯状型
露心,单瓣至完全重瓣,花瓣向上向外张开,杯状包围雄蕊。

莲座状型
近乎平展,重瓣或完全重瓣,小的、相互交叠、稍不等齐的花瓣紧密排列。

高心状型
半重瓣至完全重瓣,由较长的内瓣形成一个高的中心。

四心莲座状型
近乎平展,重瓣至完全重瓣,花瓣排列包裹成明显的四心。

壶状型
半重瓣至完全重瓣,在外围平展花瓣围绕下由内瓣折叠成壶状。

绒球型
小而圆的花瓣,重瓣至完全重瓣,花常簇生,具大量小花瓣。

图 2-1 月季的花型

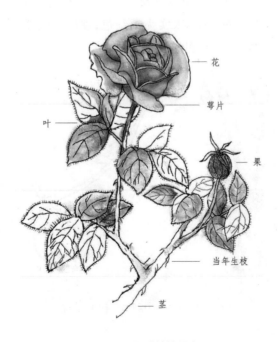

图 2-2 月季植株局部

3. 叶色与叶形

多数月季品种叶片初展时为紫红色,然后变为墨绿色,叶面有光泽。叶互生,多数为奇数羽状复叶,小叶一般 3 ~ 7 片,宽卵形(椭圆)或卵状长圆形,先端渐尖,具尖齿,叶缘有锯齿,两面无毛,多数品种叶面平滑有光泽。托叶与叶柄合生,全缘或具腺齿,顶端分离为耳状。常见月季叶形态见图 2 – 3。

7 小叶　　　5 小叶　　　3 小叶

图 2 – 3　月季叶的形态

4. 根与果实

月季根系的形态与繁殖方式有密切关系,实生苗具有明显的主根和强壮的侧根;用扦插繁殖的苗木,仅有侧根,而且侧根数量较少,生活力较差。月季的果实为球形或椭圆形,成熟前为绿色,后颜色变黄,成熟果实为橘红色,顶部自然裂开。内含栗褐色骨质瘦果(种子)5 ~ 13 粒。月季根和果实的形态见图 2 – 4。

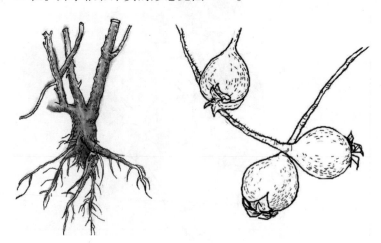

图 2 – 4　月季的根(左)和果实(右)

（二）月季的生态习性

月季性喜光照充足、温暖、湿润、空气流通、排水良好、能避冷风和干热风的环境,生长要求有 6～8 小时的直射光。光照不足时会造成月季的茎生长细弱,开花少甚至不能开花。因此,在进行冬季栽培时要尽可能扩大太阳光的有效利用,同时利用补光等方法延长光照时间,以满足月季生长发育的需要。在夏季的强光条件下,直射光对花蕾的发育不利,花瓣易焦枯,出现畸形花,同时月季切花的枝条变短,表皮刺瘤也变得异常坚硬,应适当遮阴。月季最适宜的白天气温为 15～25℃,夜间温度为 10～15℃,夏季高温持续30℃以上,则开花减少,品质降低,进入半休眠、休眠状态。若温度低于 5℃,植株也会进入休眠状态,影响生长与开花。气温在 17～20℃时花芽分化较早,花芽发育正常。最低温度低于 12℃时,不但休眠芽比例增多,盲花比例也直线上升。月季喜疏松、肥沃、有机质丰富、排水良好的微酸性土壤,忌土壤板结与排水不良。月季有连续开花的特性,营养消耗较高,所以要适时追肥,增加土壤的有机质含量。月季对土壤酸碱度适应较强,在pH 5.5～6.5 的微酸性至中性土壤中生长良好。空气相对湿度以 75%～80% 为宜,但在稍干或稍湿的环境中,亦能正常生长。需要保持空气流通,无污染。若通气不良易发生病害,空气中的有害气体,如二氧化硫、氯、氟化物等,对月季花的生长有害。

（三）月季的类型与品种

月季是一个包括自然界形成的物种、古代栽培的种和人工杂交的后代的庞杂系统,其分类方法大致如下:

1. 根据来源及亲缘关系分类

（1）自然种月季 又称为野生月季（Wild Roses）,是指未经人为杂交而存在的种及其变种。具有较强的野生性状,每年花开一季,单瓣,抗性强。虽也有部分引种或作为亲本进行杂交,但其性状仍保有原有的野生特点并未经人工改良。我国常见的有野蔷薇（*R. multiflora*）及其变种、变型,金樱子（*R. laevigata*）,缫丝花（*R. roxburghii*）,峨眉蔷薇（*R. omeiensis*）及其变型,扁刺峨眉蔷薇（*R. pteracantha*）,光叶蔷薇（*R. wichuraiana*）,小果蔷薇（*R. cymosa*）及黄刺玫（*R. xanthina*）等,它们是现代月季亲本。

（2）古典月季 又称为古代月季,19 世纪,以杂交茶香月季（Hybrid Tea Roses）的育成为分割点,将月季分为古典月季和现代月季两大类,在此之前,庭院中栽培的全部月季,无论是野生引入或人工培育,统称为古典月季。古典月季中的许多种是现代月季的亲本,但是庭院中已逐渐少见,著名的有法国蔷薇系（*R. gallica*）、突厥蔷薇系（*R. damascena*）、百叶蔷薇系（*R. centifolia*）、白蔷薇系（*R. × alba*）、中国月季系（*R. chinensis*）、波旁蔷薇系（*R. × borboniana*）、包尔苏蔷薇系（*R. × iheritierana*）、密刺蔷薇系($R. spinosissima$)等。杂交玫瑰系是玫瑰($R. rugosa$)的杂交后代,杂交麝香月季系是麝香蔷薇($R. moschata$)的后代,小姐妹月季系是野蔷薇的杂交后代,也是现代月季中的丰花月季系(Floribunda roses, FL.)的亲本之一,杂交长春月季系(Hybrid Perpetual Roses, HP)包括中国月季花、茶香月季及一些欧洲种的杂交后代。

(3)现代月季　现代月季指的是1867年第一次杂交育成茶香月季以后培育出的新品系及品种,现代月季构成了当今栽培月季的主体。现代月季都是经由多次反复的杂交培育而成,其主要原始亲本有我国原产的月季花、香水月季、野蔷薇、光叶蔷薇及西亚、欧洲原产的法国蔷薇、百叶蔷薇、突厥蔷薇、麝香蔷薇、异味蔷薇9个种及其变种。由于现代月季是多亲本多次杂交而成,常出现性状的交叉和中间类型,使得某些品种难以划分,常被归入不同的群中。

1)大花(灌丛)月季群　即杂交茶香月季系,自"天地开"育成起,至今已育成了大量品种。大花月季群有许多优点,遗传了亲本的耐寒性、旺盛的长势、花色丰富、花型大而花气馥郁芳香。又因其多次开花的习性、光泽的叶片及顶生的花芽深受育种者喜爱。现代大花月季分枝性强,呈直立或灌丛状,叶片中绿至深绿色,粗糙或具光泽,卵圆形或披针形,嫩芽常呈红色或紫色。大花多呈壶状或高心状,常具香味。花单生或3朵簇生。大部分种类花期从夏季延续到秋季,连续开花或者一茬接一茬地开花。具直立生长习性的种类是作切花或规则式花坛栽种的理想材料。具灌丛习性及多刺的种类则适合作花篱。

2)聚花(灌丛)月季群　即丰花月季系,初由野蔷薇和中国月季杂交而来,性状介于两个亲本之间,与大花月季群相似,主要区别为花径较小且多花聚生。聚花月季群呈直立、多分枝习性,耐寒,抗热性、抗病性强,生长健壮,花单瓣或完全重瓣,较小,常常簇生或多达25朵小花形成伞房状,着生于当年生或两年生的枝条上,多数无香或微香,大都多次开花,花期从夏季延续到初秋。剪梢后可促进大量开花。是花境、花坛的优秀材料,也可盆栽或作切花,近年来发展较快,品种过百,是仅次于大花月季群的栽培最多的一类。

3)壮花月季群　是近年用大花月季群与聚花月季群品种杂交而成的,兼具两个亲本的特性,即一枝多花且花大,故又称聚花大花月季。因具有两个亲本的特点,分类地位便难以划定。

4)攀缘月季群　无一定的亲本组合,是各群月季的混合群,凡茎干粗壮,长而软,需设立支撑物才能直立的攀缘性月季均归入该群。攀缘月季群一般为单花或有较小的花序,花朵大,不管是单生还是簇生,花色、花型都变化多端,每年开一次花或连续开花。多具芳香。花生于新枝顶端,但大多在老枝条发出的新枝上。

5)蔓性月季群　由亚洲的野蔷薇、光叶蔷薇和欧洲原产的田野蔷薇及少数其他种杂交而成。与某些攀缘月季难以区分,其主要区别在于典型的蔓性月季群每年都能从基部发出长而柔韧的嫩枝,且在夏季仅一次开花,呈壮观的伞房状,花期比攀缘月季群晚几周,多在仲夏以后才开放,花多达150朵,花较小或很小,花径在4厘米以下,在温暖、空气不流通的情况下易感染白粉病。大部分蔓性月季群种类不多,栽培不广,常用作覆盖墙壁或围栏。

6)微型月季群　微型月季是所有月季中最小的月季种类,与中国月季相似,也可能来自中国月季的矮生芽变后代。株高很少超过35厘米。一枝多花,花通常单瓣至重瓣,不具芳香,经夏盛开。后来又培育出许多复色品种。很适合小花园,例如低矮的或规则式的花坛,也极适合作盆栽,用来装饰庭院或铺筑过的地方。

7)现代灌木月季群　现代灌木月季有不同的来源。一般指现代栽培的野生种及其第一、二代杂交后代,一些古典月季及其后代,形态与古典月季非常相似,能够生长成大的灌丛。虽然大多被定义为株高超过1.2米,但它们类型各异,习性各不相同,从直立型至优美的拱枝型,常常具有多刺的茎,花常具芳香,单瓣至完全重瓣,单生或数朵簇生。具有现代月季从夏季到秋季多次开花的特征。

8)地被月季群　地被月季群是月季花中的一个新群,指那些分枝特别开张披散或匍匐地面的类型,茎多刺、叶密生、细小。地被月季按生长习性可分为两类:一类呈开张式灌丛状,另一类则蔓延生长,簇生的花朵常常布满整个花枝。少数种类仅夏季开一次花,但大多数种类几乎在夏季不断地开花,枝条上常常被满单瓣或重瓣的花,花一般不具芳香。不易感染病虫害,耐粗放管理,亦适合作盆栽。

2. 根据栽培形式及用途分类

(1)**地栽月季**　以地栽的形式进行应用观赏,按植株的形态可分为植株高大、直立挺拔的直立月季和依附他物生长的攀缘月季。主要用于室外绿化及景观配置,是常用的花坛、花境、庭院、花篱、花屏、花墙花材。

(2)**盆栽月季**　以盆栽的形式进行观赏,较适合盆栽的月季品种要求是株型矮小,花多,勤开,姿态优美,色彩艳丽,芳香郁人,花朵小而紧密或大而优美,抗病虫害能力强,耐修剪等特点。按月季植株的大小可分为树形月季盆景、中型月季盆景和微型月季盆景,是深受人们喜爱的室内木本花卉。常用于盆栽的月季品种有:

1)大花类品种　大花观赏月季包括杂种茶香月季(Hybrid Tea Roses 简称 HT)和壮花月季(Grandiflore Roses 简称 Gr)两大系列。其花大色艳,姿态优美,芳香郁人,在众多的月季品种中,深受人们的喜爱,有较高的商品价值,是盆花月季栽培的首选品种。宜推广的品种有:摩纳哥公主、彩云、亚历克红、丛中笑、希望、红双喜、月季中心、香欢喜、赞歌、和平(黄和平、粉和平)、香云、善变、初恋、莱茵黄金、坦尼克、金凤凰、金奖章、月季夫人、粉扇、绯扇、梅朗随想曲等。

2)微型类品种　微型月季株高一般不超过30厘米,花色丰富,花期不断,玲珑小巧,深受人们喜爱。微型月季一般都可盆栽,但要用于大批量生产,创造商品价值时,还必须经过严格的选择。商品价值高的品种应该是花色艳丽,花多勤开,抗病,宜栽培管理。目前可用于生产的微型月季品种主要有:微明星、小仙女、美女、旋转木马、男爵、亲王、小女孩、红柯斯特、橙柯斯特、粉柯斯特、白柯斯特、白梅朗、花边草帽、和谐、紫色时代、金太阳、小丁香等。

(3)**切花月季** 是现代月季中适宜作切花品种的总称,用于切花的月季对品种有一定的要求,要求花梗挺直、优美,长度在30厘米以上。花形优美,初开放时为高心卷边状和平头型两类,花谢时不露心,花色鲜艳动人。花朵开放缓慢,花瓣质地较厚,花形保持持久。植株活力强、耐修剪,能连续在较短的时间内反复开花,并能在适当的条件下全年开花。

切花月季通常按花色进行品种分类,即红色系、朱红色系、粉色系、黄色系、白色系和复色系等。复色月季如图2-5所示。切花月季也可也按花头数量分为单花品种和多头品种。

图2-5 温室内种植的复色品种

由于受传统观念和审美观的影响,我国和世界其他国家在选用鲜切花月季品种上也存在较大的差别。目前,我国栽培的鲜切花月季品种以红、黄色为主,其次为粉、橙色。而在欧美国家则以淡雅的颜色为主,如淡粉色、淡黄色、淡紫色、白色以及一些较浅的复色。切花月季常见栽培品种见表2-1。

表 2-1 切花月季常见栽培品种

品系	名称	原名	花色	花朵	产量（枝/米²）	备注
红色系	卡尔红	Carl Red	鲜红	大中	150～160	保鲜性强，适合冬季鲜切花栽培。但室温过低，花色易黑化，长势较弱，植株易枯死
	卡蓝宝	Carambole	鲜红	大	110～120	茎叶比例协调，保鲜性好，但冬季易形成休眠芽，夜温需 19～20℃
	红衣主教	Kardinal	鲜红	中至大	150～160	花形美观，保鲜良好。但花枝较短，茎节表皮刺瘤较多，处理时比较困难
	红成功	Red Success	鲜红	大	130	热抗性好
	奥丽拉乌	Only Love	鲜红	大中		株形优美，产量高于卡尔红 20% 左右，保鲜性良好。适合冬季栽培，但花枝较短
	梅朗口红	Rouge Meilland	鲜红	大	150	
	劳特兹	Roteroze	鲜红	大	130～150	适合冬季栽培，夏季切花后，保鲜性差
	卡拉米亚	Cara Mia	深红	大	170	植株健壮，适合冬季鲜切花栽培。但易形成畸形花，栽培面积正逐渐减少
	撒曼萨	Samantha	深红	大	150～200	花茎较长，适合夏、秋季鲜切花栽培。冬季栽培比较困难
	陶宝	Tobone	红紫	大		花形优美，花枝长，花茎较细，高产。适合冬季栽培
朱红色系	宾高	Bingo	朱红	中至大	70	保鲜性良好，适合冬季鲜切花栽培。但室温过低，易形成畸形花，且花心部易变黑
	巨星	Super Star	朱红	大		保鲜性良好，喜爱高温。适合于冬季休眠，春、夏、秋季鲜切花栽培
	帕塞蒂娜	Pasadena	朱红	中至大		保鲜性良好，适合夏季鲜切花栽培。在冬季栽培时花型较差，并易形成盲花
	劳莱特	Roulett	朱红	大		花形美观，保鲜性良好，切花枝长，适合夏季鲜切花栽培。冬季栽培时，花瓣先端容易发生黑变
	玛丽娜	Marina	朱红	中	170	保鲜性良好，生长势很强，适合冬季鲜切花栽培。具有较强抗病性，但吸水性差
	红胜利	Madelon	朱红	大	180	保鲜性良好，花枝较长，在荷兰栽培面积很大

品系	名称	原名	花色	花朵	产量（枝/米²）	备注
粉色系	索尼亚	Sonia	鲜粉	中至大	180	保鲜性良好,生长势很强,容易栽培,适合冬季鲜切花栽培
	婚礼粉	Bridal Pink	鲜粉	中至大	170	株形美观,但茎节表皮刺瘤较多,节间稍有弯曲,不耐锈病
	贝拉米	Blami	浅粉	中至大	120~150	抗病性强,适合温室栽培
	卡丽娜	Carina	朱粉	大	160	保鲜性良好,耐暑性强,适合冬、夏季鲜切花栽培。但花茎易弯曲,不耐霜霉病
	外交家	Diplomat	粉	中至大	120~150	抗病性强,适合温室栽培
	卡丽塔	Carina	深粉	大		是卡丽娜的芽变品种,适合冬季鲜切花栽培
	卡丽乃拉	Carinera	浅粉	大	160	是卡丽娜的芽变品种,其他特征也基本相同
	兹瑞拉	Zurella	鲜粉	中		花形独特,花枝较长,非常受消费者欢迎,产量比索尼亚高30%~40%,但不耐白粉病
	火鹤	Flamingo	浅粉	中至大	160	
黄色系	阿尔斯	Aalsmeer Gold	金黄	中至大	160	切花吸水性和保水性良好,但不耐白粉病
	金徽章	Golden Emblem	黄至深黄	大	130	花茎直立、较长、耐高温。适合夏季鲜切花栽培
	万岁	Banzai	鲜黄	小	160~180	早熟,既耐高温又耐低温。适合冬季栽培
	金牌	Gold Medaillon	黄	中	130~150	蓟马危害严重,温室、露地均宜
	柏劳娜	Balona	橙黄	中大	180	健壮,易栽培。不耐白粉病和灰霉病
	黄金时代	Gold Times	黄	中	150~160	生长势强,抗病,适合温室栽培
	爱丽奥拉	Eliora	鲜黄	大	180	生长势很强,容易栽培。低温条件下盲花的发生很少,适合冬季鲜切花栽培。

续表

品系	名称	原名	花色	花朵	产量（枝/米²）	备注
白色系	帕司卡丽	Pascali	纯白	大		花形和保鲜性良好。适合夏、秋季鲜切花栽培
	布兰奇	Carte Blanche	纯白	大	160	保鲜性良好，高产。适合夏季鲜切花栽培
	瑶尼娜	Yonina	纯白	大		花形豪华，适合夏、秋季鲜切花栽培产量只有索尼亚的85%～90%。冬季鲜切花栽培时，花色易变成淡粉色
多头	坦尼克	Tineke	纯白	大	160～170	
	雅典娜	Ahena	纯白	大	120	
	白成功	White Success	白带粉	中大	160～180	
	婚礼白	Bridal White	纯白			
	咪咪劳兹	Mimi Rose	鲜粉	小	130～150	花形优美，最适于办公用花，适合夏季栽培，冬季时花数较少
	莱丽萨	Larissa	鲜红	较小		保鲜性非常好，产量比咪咪劳兹稍低。易形成畸形花
	橙色咪咪	Omrange Mimi	橙红	较小		切花较短，产量基本与索尼亚相同。适合冬季栽培
	粉蒂莱	Pink Delight	淡粉	小		花形优美，一茎多花，株形协调。很受消费者青睐

3. 根据月季株型分类

（1）**直立株型**（图2-6） 直立株型，就是不需要支撑，枝条直立向上生长。这一类的月季，枝条的粗细和花朵的大小成正比。比较适合小空间种植。直立株型的月季比较适合盆栽，适合小花盆种植。代表性品种：瑞典女王。

（2）**灌木株型**（图2-7） 灌木株型的月季冠幅比较大。这一类的月季在生长过程中，枝条是向外呈拱形扩张的，有些品种底部是直立型，上部花枝变得柔软而稍向下倾斜。相对于直立型的月季品种，这一类月季的枝干更加柔软而富有变化性。灌木株型比较适合

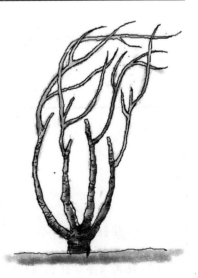

图2-6 直立株型的月季

露地种植,如果是盆栽的话,则在修剪的时候需要注意芽点的方向,需要利用芽点方向来控制冠幅。代表性品种:康斯坦茨、银禧庆典等。

图2-7　灌木株型的月季

　　(3)**藤蔓株型**(图2-8)　藤蔓株型的月季又叫藤本月季。这一类的月季枝条生长得非常快速,可以打造拱门、花墙等。藤蔓株型的月季,在种植时,最好是地栽,如果用花盆种植,则需要用较大的花盆,并且设立支架,做适度的牵引。

图2-8　藤蔓株型的月季

4. 根据开花情况分类

　　(1)**健花月季**　在露地栽培从5月至10月不断开花,温室栽培则四季可开。

　　(2)**两季月季**　仅在春、秋两季开花的两季种。

（3）**一季月季**　仅在春季开一次花的一季种。

5. 根据花径大小分类

（1）**大花月季**　花朵直径在 10 厘米以上的大花品种。

（2）**中花月季**　花朵直径在 10 厘米以下、5 厘米以上的中花品种。

（3）**小花及微型月季**　花朵直径在 5 厘米以下的小花品种及微型品种。

另外可根据花色将月季分为单色月季和复色月季。

三、影响月季生长发育的因素

（一）温度

温度直接影响切花月季的产量和品质。如修剪后出芽的多少、花芽的分化、封顶条的多少、产花的天数、花枝的长度以及花瓣数、花型和花色等，但月季的生长发育在很大程度上取决于温度和品种的生物学特性，不同品种在相同的温度下生产性能也可能出现不同。

1. 温度对花芽分化的影响

温度是影响花芽分化的一个决定性条件。气温高时花芽形成快，当栽培温度从 20℃ 降到 10℃ 时，开花枝率会降低 50% 左右，尤其在遮光低温的条件下更为显著。生长期温度在 18～30℃ 内，月季从修剪到开花的时间随温度升高呈线性缩短。夜间加温可以加快月季的发育。前半夜只要保持较高的温度，即便后半夜的温度降低，依然能促进月季的生长发育。白天适宜的温度可以提高月季的光合作用，增加了同化物的积累，前半夜较高的温度可以促进同化产物从叶片的外运及向植株上部的运输。不同品种对温度的要求有一定的差异。一般品种要求夜温在 16～17℃，但"萨蔓莎"等品种则要求 18～20℃，而"索尼亚""玛丽娜""彭彩"等为低温品种，只需要 14～15℃。当夜温从 12℃ 提高到 15℃ 时，"索尼亚"2 月的产花量可提高 40%～50%。而昼温一般以 23～25℃ 为宜，夏季高温时，适宜温度应控制在 26～27℃。地温也是影响月季花芽分化的重要原因，在昼温 20℃、夜温 16℃ 的条件下，当地温提高到 25℃ 时，可以增产 20%。

月季花芽分化的时间如图 3-1 所示。

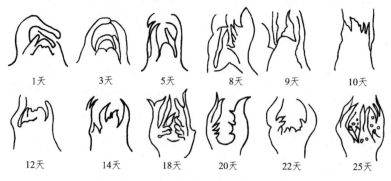

| 1天 | 3天 | 5天 | 8天 | 9天 | 10天 |

| 12天 | 14天 | 18天 | 20天 | 22天 | 25天 |

图 3-1　月季花芽分化的时间

2. 温度对月季生长发育的影响

Beminger 将月季花枝的发育定义为 3 个阶段：①修剪到腋芽萌发（芽长 1 厘米）；②腋芽萌发直到花蕾可见；③花蕾可见到花朵凋谢。温度在月季花枝的发展过程中起到了关键性的作用，温度影响了第一个阶段腋芽萌发时间的长短和第三个阶段花蕾到花朵凋谢的速度。第二阶段腋芽萌发到花蕾可见则受到了温度和光照的共同影响。

月季适宜生长温度为日平均温度 10~25℃，日间 15~25℃，夜间 10~15℃，最佳昼夜温差为 6~10℃。当生长温度低于 5℃，或超过 30℃，月季会处于休眠或半休眠状态，花芽停止分化，很难生产出枝条长度、花苞大小符合要求的高品质花枝；气温超过 25℃时，月季叶片的光合速率降低，蒸发量显著升高；超过 35℃，枝条会枯死，根系开始死亡。

在一定的温度范围内，温度越高月季切花产量越高，提高温度可以加快腋芽的萌发和花芽的形成、减少盲枝的数量，从而缩短了生产周期，增加了年采收次数，增加了切花的产量。降低温度能刺激侧芽和基部枝的萌发和生长，但低温容易引起花芽的败育，延缓花枝的发育速度，降低切花产量。夜间低温影响了花枝的生长速度，但白天较高的温度可以弥补夜间低温对月季生长的不利影响。提高夜温可以增加切花的产量，前半夜保持 6~9 小时的较高温度，即使其他时间温度较低，也可以增加切花的产量，而且其增产效果比后半夜加温或整夜加温的增产效果更为理想。

一年中月季切花产量的高峰在 5~10 月（日平均气温 20~28℃），低峰在 12 月至翌年 3 月（日平均气温 15~18℃），商品花枝的最高产量出现在 5 月（日平均气温 26.6℃），两个低峰区在 2 月和 7 月。这是因为 7 月温度太高导致长花枝比例减小，2 月温度太低，降低了切花产量。

3. 温度对月季外观品质的影响

温度对月季的株高、茎粗、叶数、花的品质、鲜重等都有一定的影响，进而影响了月季的外观品质及商业价值。生长期温度影响了月季切花的品质。月季植株的高度（花枝的长度）取决于节间数目及节间长度。日平均温度升高时，发育速度加快，因此，在一定温度区间内，不论提高昼温或夜温都会增多节间数目。但对于节间长度的影响，昼温和夜温的影响表现出不同的方式，节间长度随昼温提高而加长，随夜温提高而矮化。为了获得较长的节间，可以提高昼温降低夜温。相反，为获得较短的节间则要采取降低昼温提高夜温等措施。在适宜的生长发育温度范围内，花冠、花瓣数随温度升高而减小，切花质量随之下降；反之温度降低到适宜范围，花冠、花瓣数增大和增多，切花质量随之提高。低温至 12℃或日平均气温低于 15℃时会导致形成大量的"平头花"（Bullhead）或花瓣颜色变黑。温度太高（平均气温超过 21℃）导致花枝变短，单位长度的花枝重量降低，高温还会引起某些品种花枝的花颈过度伸长。高温对切花品质影响在夏季表现得更为明显。

月季切花品质随温度的变化而呈季节性变化:夏半年的切花的花朵较小,花枝较短;冬半年的花枝较长。生长在较高的夜间温度下的月季,切花产量虽然较高,但花枝长度缩短,花色变浅,花枝重量变轻。生长期间的温度还影响了月季切花采后的瓶插寿命。据 Moe(1975)的研究,在切花采收前的 3 周内气温保持在 21～24℃,与保持较低温度相比,切花的瓶插寿命会成倍增加。由低温引起的切花寿命缩短问题可以通过使用保鲜剂来解决。生长期间的温度影响了光合作用及光合产物在花枝内的积累,从而影响了切花开放时的物质供应,影响了瓶插寿命。所以,夏季要注意适时降温:一是可采用冷湿墙,当水流过冷湿墙蒸发时吸收周围温度,达到降温目的;二是内部搭设遮阴帘降温;三是利用各种喷雾或喷水装置降温;四是外部搭遮阳网或遮阴纱降温。冬季要注意及时保温,有条件时可以覆盖草苫、保湿被等,或采取加热升温措施。

4. 温度对畸形花产生的影响

低温、低光照会引起月季的"盲花"(Blindness)现象,表现为枝条不能完成花的发育过程,导致花芽败育或萎缩;"变叶病"(Phyllody)常出现在五六月高温、高光照的环境下,花器官部分或全部被类似叶片的结构代替,花器官发育成含有叶绿素和气孔的类似叶的器官;"平头花"也是月季常见的畸形发育之一,低温引起花瓣分化过多,短小而宽,向花心弯曲,严重时花朵中心变平,平且出现 2 心、3 心现象;"弯梗现象"(Bent Peduncle Phenomenon)多发于 6～8 月的高温环境中,不同于月季采收后由于水分胁迫引起的弯颈现象,"弯梗现象"(Bent Peduncle Phenomenon)出现在植株的生长过程中,子房下方的花梗朝一方弯曲,形成 5°～90°的夹角,并且导致花朵无法正常开放。

(二)光照

月季属于喜光植物,光照条件(光照时间、光谱成分、光照强度)对月季的切花生产有重要的影响,决定月季切花产量的直接因素,如侧芽萌发的数量、花枝败育比例,更新枝的形成和花枝的生长速度都受光照条件的影响。

1. 光照的季节性变化与月季切花生产

月季的切花产量随自然光照强度的季节性波动而相应地变化,光照最弱期的 1～2个月之后是月季切花产量最少的时期,这是因为低光照影响了花枝发育初期的生长和发育,导致花芽的败育,而从侧芽萌发到切花采收一般需要 50～60 天的时间。月季切花的品质也受光强季节性变化的影响,夏季生产的切花比冬季的花枝短、细,并且叶片少、花瓣少,但在实际生产中很难将光强和温度对切花品质的影响区别开来,月季切花品质的季节性变化可能是由光照或温度的季节性变化或由两者共同导致的。

2. 光照对月季生长发育的影响

光照会对月季的光合作用产生影响,进而影响月季切花产量和品质。光照越强月季的光合速率越大,会促进月季的生长发育。RuBP(1,5-二磷酸核酮糖)酶活性在光照强的环境下明显增强,而 RuBP 的初始活性与净光合速率呈线性正相关。

光照同样会影响月季体内激素的分布及作用,从而调控月季生长发育。随着光照强度减弱,切花母枝最上一个侧枝中的赤霉素类物质的活性随之降低,在下部侧枝中的活性降低更明显,这些侧枝更易发生败育现象。光照不足特别是在温室条件下,紫外线含量少,导致月季体内生长素含量增加,只利于茎的伸长而不利于开花。所以,光照与内源激素之间有一定的互作关系,光照条件引起月季体内激素含量的变化,从而引起月季生长发育进程改变。

同一个枝条上不同叶位的侧芽对光的敏感性不同,在枝条上部的第一个五小叶复叶上部进行修剪,剪口下侧芽即使在黑暗中也能萌发;而枝条下部的侧芽,即使在全光照下也不能萌发。剪口之下第二个侧芽的萌发与光照强度及 R/FR(红光和远红光的比值)有关,高 R/FR 促进侧芽的萌发,低 R/FR 则抑制其萌发。叶幕中的侧芽通常不萌发,就是因为叶片吸收了部分透过的红光,降低了 R/FR 之故。在光照期的末期分别用短时间的低光强红光和远红光处理月季植株时,红光处理的植株切花产量有所提高,而远红光处理的植株产量下降。用高 R/FR 的高压钠灯或荧光灯对月季进行补光可促进腋芽的萌发,而低 R/FR 的白炽灯则抑制了腋芽的萌发。另外,用白炽灯光延长光照期也抑制了侧芽的萌发,而且光照时间越长,抑制作用越强。

花芽败育现象与太阳辐射的季节性变化有很大关系,在低光照和低温的冬季,月季花枝容易发生败育。与光照强度也有密切的联系,光强减弱导致败育率增大。同时与花芽发育早期高强度光照时间的长短有关,高光照时间越短越易发生败育。花芽败育可能是由于低光强抑制了光合作用,导致同化产物供应不足而引起的。

高强度的光照可以促进更新枝的形成。生长于黑暗条件下或嫁接部位被严重遮阴的植株几乎不形成更新枝。月季修剪后经过 6 天的黑暗处理能部分抑制更新芽的萌发,黑暗处理 9 天则完全抑制更新枝的形成;相反,修剪后如有 3 天的光照时间就足以刺激更新芽萌发。

3. 补光对月季切花生产的影响

在月季的生产中,生产者会采用补光的方式来提高月季的产量和品质,特别是在冬季。补光明显增加月季商品花枝的产量、减少盲枝形成,切花产量与补光光强呈线性关系。用低光照将光期从 9 小时延长到 16 小时可以增加月季的切花产量。月季成花不受光周期的影响,日照时间对切花产量的影响主要通过影响侧芽的萌发及同化物质的积累和运输来实现。光照影响月季开花的主要途径有:侧芽的萌发与 R/FR 有关,红光促进侧芽萌发,远红光抑制萌发。R/FR 增大时,月季植株变矮,叶绿素含量增高,开花数增多。月季花的发育主要受光照强度的影响,光强增加提高了月季的光合速率,为花的发育提供充足的营养,保证其顺利地发育。补光的效果受温度和二氧化碳的影响,增产效果在夜间温度为 18℃时要比 15℃时好。补光对重剪或新栽植的枝叶稀疏的月季植株的产量也有促进作用。补光通过影响同化物在植株各器官间的分配影响花枝的发育,从而影响切花产量。

月季花枝的发育时间决定了每年或每季采收切花的次数,从而影响月季切花的年产量。特别是在高温条件下,降低光强会延长枝条生长发育的时间。补光可以增长切花的长度,尤其在冬季;补光还可以增加花枝的干鲜重。补光能够增加花枝中碳水化合物的积累量,从而影响切花的瓶插寿命,随着补光强度的增加,月季切花的瓶插寿命也随之增加,影响程度因切花的品种而异。然而,生长期补光会导致产生与花枝水分吸收相关的一系列问题,如弯颈、软花枝等。生长期补光的月季切花的蒸腾速率在光期和暗期都比生长在自然条件下的高,在这种情况下,一旦水分供应不足,就会比后者更易产生弯颈和萎蔫现象。

因此,切花月季在全日照条件下才能健壮生长。一般每天要求有 6 小时以上的光照,才能正常生长发育。不耐荫蔽。光照不足,生长不良,枝条细长,叶片薄小、花色变淡,花少而小。但是,光照过强,也会灼伤花瓣,影响切花品质。所以,为了避免夏季的过强光照,应适当遮阴,以减弱光强。遮光可使用高品质的专用薄膜,在保证高透光率的前提下可阻挡大量紫外线,在阴雨天要保证有一定量的散射光线进入棚内。在月季抽枝期间不使用遮光网,保障植株有充足的光照;现蕾后可以在晴天 10~16 时,使用 60%~75% 银灰色的遮阳网;雨季连续阴雨天不需要遮光;冬季不需要遮光;大棚土壤表面过湿时不需要遮光;植株有霜霉病、灰霉病时不需要遮光。大体上,4 月初至 5 月初 10 时以后开始遮阴,9~10 月要逐步减少遮阴,冬季则需要人工补光。遮阳系统采用 75% 遮光率的银灰色遮阳网,悬挂于棚内,若不挂遮阳网,植株直接受阳光照射,会出现叶片光色暗淡、枝条短、发芽率低等衰老现象。

(三) 水分

1. 土壤湿度

切花月季喜水,但又怕涝,灌溉过多或者浇水不足都会对月季的产量和品质产生严重的影响。土壤(基质)水分过多、排水不良或积水,会使月季的根系通气不良、供氧不足,进而影响根系的养分吸收,失水过多会导致月季的叶片气孔功能受到损害,降低了光合作用的能力。土壤与基质的水分不足会严重影响植株的生长发育与切花的产量和品质。植株在栽培期间发生数次脱水现象,叶缘就会变褐或枯死,并且引起落叶。即使没有达到脱水的程度,只是轻度萎蔫,时间一长也会引起植株过度木质化、矮化、叶片变小、叶色发暗、没有光泽等不良现象。花枝长度与花径大小为月季切花的主要品质参数,其增长取决于细胞伸长,而细胞对水分缺乏非常敏感,因而水分管理不当就直接影响切花品质。水分不足还抑制了月季植株的生长,为了控制叶面水分的蒸发,叶片面积在水分不足的情况下也会变小。月季在缺水的环境下,枝条长度变短,鲜重变轻,并且新枝的数量减小。严重的失水会降低月季花朵的质量,花瓣变短、花朵畸形,甚至导致花芽败育。

2. 空气相对湿度

设施栽培时,由于透明覆盖的遮挡,保湿效果很好。但是,长期不浇水,土壤也会缺水,影响根系生长,从而影响地上部的生长发育。此外,应注意的是,有时虽然土壤不缺水,但棚内空气相对湿度较低,造成烧叶、灼伤花瓣现象。此时,应采用中耕的措施缓解。切花月季塑料大棚生产中,最常见的是棚内土壤水分过多,设施内空气相对湿度过大,首先会直接影响月季根系的生长,严重时引起根系腐烂,进而会影响地上部枝、叶、花的生长发育,有时也会诱发病虫害大量发生。因此,影响了切花产量和质量,造成人力和物力的浪费,经济效益降低。

月季对空气相对湿度的需求依赖于季节的变化和日长。月季在不同的发育时期、白天和晚上、不同品种等,对空气相对湿度要求也不一样。在冬季,控制温室空气相对湿度并不能增加月季的产量,然而在夏季控制空气相对湿度能增加月季的产量。当外界不能给月季供应充足的水分来满足蒸发的需要时,植物才能对空气相对湿度控制进行反应。蒸发的需要依赖于空气相对湿度和蒸发的叶面积。空气相对湿度并不直接参与生化反应,而是作为光合作用的一种介体或是通过改变植物体能量的平衡来起作用。有研究显示,在夏天增加空气相对湿度70%～90%可明显延长月季切花的茎长。但延长的效果因品种而异,空气相对湿度控制在77%还能提高切花质量指数。在冬季空气相对湿度控制在77%时,大多数切花品种在18小时光照条件下切花长度最长。月季在不同的生长时期对空气相对湿度的需求也不同:萌芽和枝叶生长期,需要的空气相对湿度为70%～80%;开花期需要的空气相对湿度为40%～60%;白天空气相对湿度控制在40%左右,夜间空气相对湿度应控制在60%左右。有些复色品种,如彩纸、阿班斯等,在空气相对湿度、光照不足时色彩变淡,显现不出复色原有的色彩;红色、黄色品种,空气相对湿度、光照不足时色彩也会变淡,花色不鲜艳,品质受到影响。当棚内空气相对湿度高于90%以上时,薄膜、水槽、植株及叶片表面开始形成水滴,容易诱发多种病害,如灰霉病、霜霉病、褐斑病等。大棚切花月季生产时,空气相对湿度管理的总体原则是保障植株叶面干爽,以保证植株最大限度地进行光合作用。如果空气相对湿度过低,如低于40%,植株生理活动减弱,则不能满足植株健壮生长的需要。如果空气相对湿度过高,如超过100%,植株的叶片背面就可能会附着水滴,气孔会被阻塞,植株免疫力就降低,发病概率增加。而且,当空气相对湿度达到90%以上时,这样的空气相对湿度正是大部分菌类孢子发育的先决条件。所以,日常管理中,喷雾及喷药一般上午进行,16时以后禁止喷药,以防止夜里空气相对湿度过大。当空气相对湿度过大时,降低空气相对湿度的方法可采用多开天窗通风,避免地面积水等。当遇上连续阴雨天气时,室外空气相对湿度大于室内空气相对湿度,应关闭门窗,打开熏蒸器,可以刺激病菌孢子休眠,减少病害发生。

(四)气体

月季要求空气流通的环境,闷热而不通风的环境不利于其生长发育。空气过于干燥,嫩叶就会畸形;空气过湿,则易诱发白粉病等病害。此外,空气中的有害气体,如二氧化硫、氯、氟化物等均对月季花有毒害,而空气污染如烟尘、有毒气体、酸雨等,也会妨碍月季的正常生长发育。所以,栽培月季应远离产生空气污染的工业区。

二氧化碳(CO_2)是植物光合作用的原材料,二氧化碳对切花月季的生长发育过程的影响可分为两类:一是直接影响,如提高光合作用、增加干物质的积累,加速了作物的生长;二是对月季形态发生和器官形成的间接影响,如促进细胞分裂、消除顶端优势、刺激侧芽萌发,增加开花数量等。二氧化碳对月季切花生产效益的提高来自更多的侧芽萌发、生长及减少花枝的败育,并提高了切花品质和产量,并且增加了花枝重量、植株总干重,叶面积和花枝长度与粗度均有所增加,同时生长周期变短。在高二氧化碳浓度下,月季花减少了"蓝变"现象,提高了切花品质。二氧化碳浓度虽提高了月季切花的外观品质,却不影响切花的瓶插寿命。除了对切花月季,二氧化碳同样可以增加微型月季叶片的气孔阻力,降低气孔开度,并提高了植株内碳水化合物的含量,但并未能改善采后储运过程中产生的叶片黄化现象。二氧化碳浓度的降低,不利于月季植株进行正常的光合作用。

(五)土壤

月季喜富含大量有机质、疏松肥沃、通气性能良好、排水良好的湿润沙性壤土,适宜的土壤pH 5.5~6.5。要求土壤的有机质含量最好能达到1.0%以上。排水不良和土壤板结则生长受阻,甚至死亡。含石灰质多的土壤,影响月季对一些微量元素的吸收利用,常易导致缺绿病。碱性土可用石膏或其他改良剂改良,酸性土可用石灰粉改良。月季的根系大多集中在30~40厘米的土壤表层,但是土壤耕作的深度以及盆栽容器应为50~60厘米。因为水的渗透应超过根层,深耕可以防止根部积水,深耕改良土壤之前,先铲除杂草,清除砾石,大块土块敲碎碾细,然后分层深挖土壤,分层施肥,以加速土壤熟化,形成良好的土壤结构。底层施用堆肥、作物秸秆、鱼杂、虾糠之类拌土,表层施用充分腐熟厩肥(粪肥)、堆肥、缓释肥料后拌土,土壤中有虫,可结合翻土将农药棉隆(必速灭)翻入表土层。盆栽的月季可以用普通园土＋泥炭＋珍珠岩/蛭石/木炭颗粒/稻壳炭＋少量河沙,如果采取地栽的形式则还需考虑做好淋水层,尤其是降水比较多的地区,可以深挖土壤到80厘米,沟底填一层碎沙石或砖头瓦块之类,防止雨季积水伤根。无论盆栽还是地栽,栽植的土都应该是肥与土混合好的。在月季定植前后或生产间隙,还要充分施入腐熟的有机肥,以改良土壤,提高有机质含量。

（六）营养

切花月季在适宜的环境下可进行周年生产,而切花是个不间断的生产过程,枝叶伸展,花朵形成,都需要消耗大量营养,所以,整个生产过程中,需要不断地施肥,以补充植株生长发育需要的养分。否则,叶小、枝细、蕾差,严重影响切花质量,达不到优质标准。为了促进优质花蕾的形成,尤其需要增加磷、钾肥。现代温室切花月季是追求周年均衡产花的栽培形式,一般定植后在土壤栽培的条件下4～6年,在无土基质栽培条件下10～12年才更换一茬,因此,水肥管理十分重要。

不同的营养物质在月季的生长发育中有着不同的作用,某种营养元素缺乏与过剩会出现不同的表现。

1. 氮

氮是细胞组成的主要元素,是蛋白质的主要成分,在蛋白质中占16%～18%。氮也是叶绿素的主要组成部分。氮一般积聚在幼嫩部位和种子里。充足的氮素能使月季枝叶茂盛,叶色深绿。

（1）**缺氮** 老叶失绿发黄;新叶小而薄,节间短,花枝细。修剪后新芽发育不良,易产生盲枝。深色品种花色变淡。叶面积变小,淡绿带黄或红色,芽的发育差,花小,色淡。

（2）**氮过剩** 过量使用氮肥,轻者会使植株徒长,叶片背曲,容易感染白粉病等病害;重者会使根部受损害,引起烧苗。

2. 磷

磷是组成植物细胞的重要元素,它能促进细胞分裂,对根的发育有很大的促进作用。磷参与植物体内一系列新陈代谢过程。磷供应充足时,特别是苗期能促进根系发育,促进开花。

（1）**缺磷** 老叶失去光泽,呈暗绿色、灰绿色,未黄化而落叶;根生长受到抑制;花发育迟缓,花瓣减少,花瓣褐变,切花产量低。有些品种缺磷则叶背面叶脉处出现紫斑。叶呈蓝色和暗绿,老叶下部呈紫色,根系发育不良,芽发育缓慢。

（2）**磷过剩** 一般情况下不易产生磷元素的过剩,在营养液栽培时,过量的磷肥会影响铜、铁、锌、锰等元素的吸收而造成这几种元素缺乏。

3. 钾

钾不直接组成有机质,而以离子状态分布在植株生命活动最旺盛的部位,参与代谢并起调节作用。充足的钾元素,能促进对氮、磷的吸收,有利于蛋白质的合成,使茎、叶苗壮,枝干木质化,增强抗病和耐寒能力。

(1)**缺钾** 新梢节间较短,上部茎、叶呈浓绿色,花蕾较小,并容易畸变。长期缺钾时,下部老叶叶缘周边黄化、褐变,甚至坏死,并发生失绿和盲枝。较低的叶边缘褐色或紫色,褐色也可在叶脉间发展;花色差,花蕾不开放;茎弱。

(2)**钾过剩** 与其他可溶性盐类过剩相似,过量的钾会使根系发育障碍,叶片失绿,叶缘坏死,嫩枝易枯死;轻微过量时,茎叶局部易发生硬化现象。

4. 钙

钙是细胞壁的组成成分之一,钙易被固定下来,不能转移和再次利用。

(1)**缺钙** 细胞壁不能形成,影响细胞分裂。嫩叶皱曲,老叶呈灰绿色,叶缘下垂。营养液栽培缺钙时,根系发育不良,发生根尖枯死、腐烂现象。顶端的芽死亡,植株较快落叶,枯梢。小叶边缘死亡,剩余部分转黄,并在中部和边缘之间出现暗褐斑。叶常在死亡之前脱落,花瓣边缘常有褐斑,花瓣皱缩卷曲。

(2)**钙过剩** 过量的钙,影响铁和锰的吸收,是发生缺铁的重要原因。

5. 镁

镁是叶绿素组成成分之一,是很多酶的活化剂,有促进碳水化合物代谢的作用。

(1)**缺镁** 缺乏镁,开始时表现为失绿,然后叶脉间出现斑点,逐渐发展成较大枯死斑块。严重时,叶片呈暗绿色或紫色。较老的叶脉之间缺绿,随之有小坏死斑,斑的内缘轮廓呈卵圆形;花小、色淡;极少侧枝。

(2)**镁过剩** 钾和钙浓度低时易发生镁的过剩。

6. 硫

缺硫叶转黄绿,与缺氮相似。

7. 铁

叶绿素本身不含铁,但铁是形成叶绿素所必需的元素。

(1)**缺铁** 铁的缺少会使叶片产生后缺绿症。上部嫩叶叶脉间失绿严重,严重时整个叶片发白。腋芽生长不良,枝细弱。缺铁现象的发生往往是由于其他因素引起吸收不良。茎上部的叶缺绿逐渐向下移,顶端的叶首先轻微缺绿,较迟转明显,特别是叶脉之间,逐渐发展到植株下层;其中缺绿叶出现坏死区域;嫩叶完全缺绿,较低叶较少缺绿,显示绿脉的纹路。

(2)**铁过剩** 在营养液栽培时往往由于铁的过剩而引起铜、锰和锌的缺乏。

8. 铜

铜是植物体内多种氧化酶的组成部分,在氧化还原反应中,铜起着重要的作用。铜还参与植物的呼吸作用,影响作物对铁的利用。叶绿体内含有较多的铜,因此,铜与叶绿素形成有关。

(1)**缺铜** 嫩叶先端黄化、皱曲,以至枯死。还表现为生长点枯死,小侧枝增多,这种现象与农药氟氯灵所引起的药害相似。

(2)**铜过剩** 过多使用含铜农药时,会引起严重落叶。

9. 锰

锰是叶绿素的构成元素之一,参与光合作用和水的光解作用。锰还是许多酶的活化剂,对植物呼吸、蛋白质的合成与分解、硝酸态氮的还原,都起着重要作用。

(1)**缺锰** 使硝酸态氮增加。表现失绿,叶脉间变黄到淡黄色,但叶脉仍为绿色。腋芽生长差,盲枝增多。顶端的叶脉之间缺绿,转褐后干枯。

(2)**锰过剩** 当锰过剩时,有些品种的老叶叶脉之间有小黑点,所表现症状与缺铁症相似。

10. 锌

锌是许多酶的组成成分,促进植物体内生长素的合成,对植物体内物质水解、氧化还原过程以及蛋白质的合成有重要作用。

(1)**缺锌** 嫩叶先端黄化,皱曲,以至枯死。生长点枯死,小侧枝增多、簇生,呈莲座状,称为小叶病。老叶变弯,不再生长。

(2)**锌过剩** 锌元素过剩,表现为小叶叶脉间有水渍状透明斑点,叶黄化、褐变,褐变严重时引起落叶。

11. 硼

硼不是植物细胞的结构物质,但能促进碳水化合物正常运转,促进生殖器官的正常发育,还能调节水分的吸收和氧化还原过程。

(1)**缺硼** 硼元素的缺乏会影响花芽的分化,会使生长点枯死,畸形叶增多,侧枝增生。白色、黄色品种花瓣褐变。

(2)**硼过剩** 当硼元素过剩时,新梢下部叶片周边黄化、褐变,叶脉间有黄色斑点,并发生枯死现象,老叶黑化。严重时引起落叶。影响幼年的分生组织,顶芽死亡,产生过量的枝条;茎顶端的叶相互拥挤,呈丛生状。

发现以上症状不要轻易下结论,因为某些症状往往是其他原因产生,如多种元素缺乏都表现缺绿,还有氮肥过量、土壤通气不良、根层含水量太高、病虫害危害、土壤 pH 太高造成某些营养利用降低等,都易表现叶变黄,所以要结合土壤、叶片营养含量分析等结果仔细分析,找出确切的原因,方能采取措施,予以施治。

还应注意营养过量,超过临界水平,也会干扰植物的新陈代谢,导致营养不平衡,出现中毒症状,如氮肥过多,施肥浓度过大往往叶片失绿(黄化)、落叶,甚至造成植物死亡,特别是对某些微量元素需要量极少,稍微过量就有中毒的危险。

(七)植物生长调节物质与月季栽培

1. 植物生长调节剂与植物激素的区别

植物激素是指植物体内天然存在的对植物生长、发育有显著作用的微量有机物质,也被称为植物天然激素或植物内源激素。它的存在可影响和有效调控植物的生长和发育,包括从细胞生长、分裂到生根、发芽、开花、结实、成熟和脱落等一系列植物生命全过程。

植物生长调节剂是人们在了解天然植物激素的结构和作用机制后,通过人工合成与植物激素具有类似生理和生物学效应的物质,在农业生产上使用,有效调节作物的生育过程,达到稳产增产、改善品质、增强作物抗逆性等目的。按照登记批准标签上标明的使用剂量、时期和方法,使用植物生长调节剂对人体健康一般不会产生危害。如果使用上出现不规范,可能会使作物过快增长,或者使生长受到抑制,甚至死亡。对切花的品质会有一定影响,并且对人体健康产生危害。我国法律禁止销售、使用未经国家或省级有关部门批准的植物生长调节剂。

植物激素是影响植物生长发育的一种内在因素,应用植物生长调节物质已经成为调节植物生长发育的重要措施。植物生长物质对上述影响月季切花生产的直接因素均有作用,因此,在月季的切花生产中,会起到重要作用。

2. 植物激素对月季的影响

(1)**植物激素种类及其一般作用** 植物激素主要有生长素类、细胞分裂素类、赤霉素类三大类,以及其他一些对生长同样起着调节性的物质。

1)生长素类 主要生理作用是促进细胞伸长和分裂,促进生根,抑制器官脱落,性别调控,产生顶端优势,促进单性结实等。生长素主要包括萘乙酸(NAA)、吲哚 - 3 - 乙酸(IAA)、吲哚丁酸(IBA)和2,4 - 二氯苯氧乙酸(2,4 - D)4 种。一些生长激素广泛用于月季的扦插生根,但浓度过高会刺激细胞产生乙烯,引起外植体老化死亡,月季的切花保鲜中也有报道使用生长素提高保鲜效果。

2)细胞分裂素类 主要生理作用是影响植物细胞分裂、顶端优势的解除和芽的分化等。在植物组织培养中,细胞分裂素类主要作用是促进细胞分裂和分化,诱导胚状体和不定芽的形成,延缓组织衰老并促进蛋白质的合成。由于这类化合物能促使腋芽从顶端优势的抑制下解放出来,从而促进芽的增殖,可以用于月季侧芽的诱导,增加月季产花量。细胞分裂素主要包括 6 – BA 和玉米素(ZT)。其中 6 – 苄氨基嘌呤(6 – BA)是常用的细胞分裂素。

3)赤霉素类 低浓度的赤霉素能促进矮化和发育迟缓的植物伸长生长,加速细胞的伸长生长和打破休眠,促进月季花枝增长,提高月季的经济效益。赤霉素(GA_3)是近百种赤霉素中最常用的种类。

4)其他物质 ①脱落酸(ABA)可抑制细胞的分裂和伸长,具有促进脱落和衰老,促进休眠和提高抗性等生理作用。由于 ABA 有促进休眠、抑制生长的作用,在月季扦插、生长、切花保鲜等生产过程中应加以避免。②多效唑(PP_{333})是一类高效低毒的植物生长延缓剂,兼有广谱内吸杀菌作用。PP_{333} 一般具有控制月季矮化,促进分枝、分蘖,促进生根,还可促进成花,并有延缓衰老,提高叶绿素含量,增强月季抗逆性等生理效应。PP_{333}主要通过抑制赤霉素的生物合成而发挥生理效应。PP_{333} 在生产上并不常用,但透过其生理作用可知如果正确使用 PP_{333} 可有利于月季生长。

(2)植物激素在月季中的应用

1)促进细胞分裂和根的分化 生长素与细胞分裂素配合能引起细胞分裂,而且单独使用生长素也能引起细胞分裂和分化,生产上扦插月季时使用生根粉浸泡或涂抹枝条可大大提高月季扦插成活率,从而提高经济效益。一般将插条放入激素溶液中先浸泡30分左右,之后用消毒水如 1% 高锰酸钾或百菌清溶液清洗消毒。有试验表明,应用2,4 – D、IBA、NAA 3 种激素分别处理月季插条时,IBA 50 毫克/升比较适宜。

2)在切花保鲜中的应用 月季切花的瓶插寿命较短,观赏品质容易降低,因此,其保鲜技术研究颇受重视。乙烯和 ABA 可促进切花的衰老,而细胞分裂素、赤霉素及多胺等则可延缓切花衰老。现对乙烯的影响做一介绍,在切花衰老过程中,乙烯的动态变化可分为 3 个阶段:开始乙烯生成量低、变化平稳,接着乙烯迅速上升达到高峰期,随后乙烯很快下降。当乙烯生成量达到高峰时,或用外源乙烯处理切花时,花瓣会很快出现衰老症状,如褐变、凋萎、卷缩等,这是乙烯对切花的伤害作用。ABA 能刺激乙烯的产生,增加花朵对乙烯的敏感性。通常 ABA 是通过乙烯起作用,因此,切花体内 ABA 含量增加,或使用外源 ABA,可诱导切花合成乙烯,使衰老进程加快。细胞分裂素可抑制乙烯的生成,延迟乙烯高峰期的到来,因而延长切花的寿命。

3. 植物生长调节物质对月季的影响

(1)插穗生根

1)萘乙酸(钠)　单芽扦插是月季繁殖中一种比较节省扦插材料的方法,尤其适用于插穗材料较少的新品种繁殖。在 6 ~ 9 月选用健壮的半木质化新枝,以开花枝花朵凋谢数天且腋芽已萌发时取芽为佳,在每节腋芽上端 3 ~ 5 毫米处斜切,保留 1 个芽和 2 片小叶。插穗用 500 毫克/升的萘乙酸(钠)速蘸处理后扦插,成活率高。

2)IBA　在月季早春扦插时将插穗在 4 000 ~ 5 000 毫克/升的 IBA 溶液中浸蘸 5 ~ 10秒,也可提高成活率。

(2)促进生长　在月季栽植前用 100 ~ 300 毫克/升的赤霉素药液蘸根 5 秒,可降低萌芽率,并增加单枝生长量和单株生长量。另外,萌芽后用 10 ~ 100 毫克/升的赤霉素药液喷洒 1 次生长点,可显著促进生长。

(3)化学保鲜　6 - BA 月季切花水分丧失快,常出现"弯颈"现象。瓶插月季切花的保鲜液,最著名的是康乃尔配方液:浓度为 50 克/升的蔗糖 + 200 毫克/升的 8 - 羟基喹啉柠檬酸盐 + 50 毫克/升的乙酸银。能明显缓解月季切花的水分胁迫,改善体内水分平衡状况,促进切花开放,增加花朵鲜重,增大花径,抑制花瓣溶质外渗,延缓切花衰老。另外,40 克/升的蔗糖 + 200 毫克/升的 8 - 羟基喹啉柠檬酸盐 + 10 ~ 100 毫克/升的 6 -BA、60 毫克/升的糠氨基嘌呤(激动素)和 100 毫克/升的多氯苯甲酸等溶液,对月季切花的瓶插保鲜很有效。另外,用气态乙烯拮抗剂 1 - 甲基环丙烯(1 ~ 10 毫克/升)气熏法预处理数小时对延缓月季切花的衰老也很有效。

(4)延长盆栽花卉观赏期

1)矮壮素　用 500 毫克/升的矮壮素溶液浇灌盆栽月季根部,可减少花的败育。

2)6 - BA 或 IAA　用 10 毫克/升的 6 - BA 或 IAA 药液喷洒处理则可防止月季落花。

3)多效唑　在月季发育早期(小绿芽期),用 75 毫克/升的药液喷洒,可延长赏花期。

4)1 - 甲基环丙烯　用浓度为 1 ~ 10 毫升/升的 1 - 甲基环丙烯熏气处理数小时也能有效延缓盆栽月季的观赏寿命。

四、常用生产设施

月季的生产设施主要有塑料大棚、日光温室、加温温室、玻璃温室、连栋温室、智能温室等类型。玻璃温室、连栋温室、智能温室等基础设施投资大,维持费用高,而塑料大棚、日光温室和部分加温温室,则相对投资少,维持费用低。各地应根据气候环境和生产类型选择相应的设施,进行周年生产。

（一）塑料大棚

1. 塑料大棚的类型

普通的塑料大棚(图4-1)是一种没有墙基、墙体,一般不覆盖草苫的塑料薄膜保护设施。使用竹木杆、水泥杆、轻型钢管或管材等材料做成立柱(可无)、拉杆、拱杆及压杆形式的骨架,覆盖塑料薄膜而成。因其结构简单、建造方便、土地利用率高、经济效益好而深受月季生产者的欢迎。

图4-1 塑料大棚

为了充分接受全天候日光,一般的塑料大棚多采用南北方向建造的形式。依据所用材料,塑料大棚可分为竹木结构(图4-2)、竹木预制件立柱结构、氧化镁预制件结构(图

4-3)、钢竹混合结构、装配式镀锌管钢架结构等几种类型。竹木结构大棚的优点是简便、经济、实用，但是可使用年限相对较短，其他类型价格较高，但使用的年限相对较长。按照形式，塑料大棚又可分为拱圆形、屋脊形、单栋形（图4-4）和连栋形（图4-5）等。

图4-2　竹木结构的塑料大棚

图4-3　氧化镁预制件结构的塑料大棚

图4-4　单栋形塑料大棚

图4-5 连栋形塑料大棚

2. 塑料大棚的结构

单栋形塑料大棚的面积为600米² 左右,跨度一般为8~12米,面积较为充足的达15米,长度40~60米,较为理想的长宽比应≥5。中型大棚的高度为2.0~2.6米,大棚的高度直接影响了大棚对风的承载能力。大棚过低时,棚面的弧度小,易受风害,当雨雪积存时有压塌棚架的危险。而大棚越高,承受风的荷载越大。所以,要根据当地条件和各类大棚的性能选择适宜的棚型。多层薄膜覆盖又叫作搭设二层幕,即在大棚内再覆盖一层或几层薄膜,进行内防寒。这种方法显著地增强了大棚的防寒保温效果,提升大棚内夜间的温度,减少夜间的热辐射。白天将二层幕拉开受光,夜间再覆盖严格保温。二层幕与大棚薄膜之间隔30~50厘米。除两层幕外,大棚内还可覆盖小拱棚及地膜等。多层覆盖可选择0.1毫米厚度的聚乙烯薄膜,0.06毫米厚的银灰色反光膜,0.015毫米厚的聚乙烯地膜,或采用丰收布(无纺布或称不织布)等。建筑材料以便于就地取材、坚固耐用为前提。在大棚区的受风侧可设立防风障,以削减风力。

3. 塑料大棚的建造

塑料大棚的建造要以坚固、达到较长的使用年限为目的,建造时要选择避风向阳、土质肥沃、排灌方便、交通便利的地块,地块最好北高南低,坡度以8°~10°为佳。大棚南北向延长受光均匀,适于春秋季生产。在建设大面积大棚群时,南北间距4~6米,东西间距2~2.5米,以便于运输及通风换气,避免遮阴。

(1)**骨架建造** 搭建骨架是建造大棚的基础和首要任务。大棚骨架根据选材有以下几种类型:

1)水泥柱钢丝绳拉梁竹拱骨架 这种大棚的建筑材料来源方便,成本低廉,支柱少,结构稳定,棚内作业便利。主要包括立柱(水泥柱或木杆)、拉梁(拉杆或马杠)、吊柱(小支柱)、拱杆(骨架)、塑料薄膜和压膜线等部分。每个拱杆由4根立柱支撑,呈对称排列,立柱用水泥柱或木杆,每3米一根。拱棚最大高度2.4米,中柱高2米,距中线1.5米与地面垂直埋设,下垫基石。边柱高 1.3 米,按内角 70° 埋在棚边作拱杆接地段,埋入地下 40 厘米,中柱上设纵向钢丝绳拉梁连接成一个整体,拉梁上串 20 厘米吊柱支撑拱杆。用直径 3 ~ 6 厘米的竹竿或木杆作拱杆,并固定在各排立柱与吊柱上,间距 1 米。拱杆上覆盖塑料薄膜,薄膜上用 8 号铁线固定在地锚上压紧。大棚两端设木质结构的门。

2)钢筋骨架改良式大棚骨架 这种大棚跨度 8 ~ 10 米,脊高 2.5 ~ 3 米,钢筋拱形骨架屋面由对称结构改成不对称结构,南侧拱形骨架屋面占 2/3,北侧拱形骨架屋面占 1/3,作业道改在大棚的北侧,宽 0.6 米。为方便作业,把北侧拱形骨架按内角 80° 从地面始抬高 1.7 米,南侧拱形骨架前底角 57°。覆膜后在大棚的北侧覆盖 10 ~ 15 厘米厚玉米秸秆或草苫防寒保温,在棚内的东、南、西三面张挂 1.5 米高的二层幕,棚膜与二层幕间距离 10 厘米左右。

3)无柱钢架大棚骨架 为了最大限度地利用大棚内空间,避免立柱影响生产及管理操作,常采用此结构。这种大棚南北向延长,棚内无立柱,跨度 8 ~ 10 米,中高 2.5 ~ 3 米。骨架用水泥预制件或钢管及钢筋焊接而成,宽 20 ~ 25 厘米。骨架的上弦用 16 毫米的钢筋或 25 毫米的钢管,下弦用 10 毫米的钢筋,斜拉用 6 毫米的钢筋。骨架间距 1 米。下弦处用 5 道 12 毫米的钢筋作纵向拉梁,拉梁上用 14 毫米的钢筋焊接两个斜向小支柱,支撑在骨架上,以防骨架扭曲。

4)镀锌薄壁钢管骨架 骨架是由两根直径 25 ~ 32 毫米拱形钢管在顶部用套管对接而成。纵向用 6 条拉梁连接,大棚两侧设手动卷膜通风装置。骨架上覆盖塑料薄膜,外加压膜线。该棚由骨架、拉梁、卡膜槽、卡膜弹簧、棚头、门、通风装置等通过卡具组装而成。优点是结构合理,坚固耐用,抗风雪压力强,搬迁组装方便,便于管理。缺点是造价较高。

(2)*覆膜* 新建大棚要及早进行覆膜。在整地、施肥和做畦的基础上,在大棚周围挖好镇压薄膜的沟,并在压薄膜沟的外侧设地锚,用 8 号线做套,下拴坠石,上边露出地面,选择无风天扣膜。棚膜一般选用聚乙烯膜,覆膜之前,首先用电熨斗焊接薄膜,具体方法:用 150 厘米 × 4 厘米的木条,放在桌面上或在下面钉上支柱,把两幅薄膜重叠放在木条上,盖上一条棉布焊接。提倡使用 3 幅膜覆盖,先将 1.5 米宽的底幅膜的一边各烙入一根绳子,底幅膜盖在骨架两侧的下部,两端拉紧固定后,再用细铁丝把膜内绳子固定在每个骨架上作为围裙,薄膜下部 20 厘米埋入压膜沟中踩实,再把顶幅薄膜盖在上部,下部与围裙重叠 30 ~ 40 厘米,两端要拉紧压实。

自大棚盖完薄膜,在定植前,把门口处薄膜切开,上边卷入门口上框,两边卷入门边框,用木条或秫秸钉住,再把门安好。

需要注意的是,在建造大棚时要按照技术要求选用合格的建棚材料,大棚的肩部不宜过高,拱度要均匀,竹木结构或水泥柱钢丝绳拉梁竹拱棚,要使立柱、吊柱、拱杆、拉梁、薄膜、地锚、压膜线等成为整体结构,不松动,不变形。

（3）**塑料大棚的维护** 在扣膜时,要尽量避免棚膜的机械损伤,特别是竹架大棚,在扣膜前应先把骨架表面突出的部分削平,或用旧布包扎好。在用弹簧固定时,卡槽处应加垫一层旧报纸。在通风换气时要小心操作,防止薄膜被夹或被吹损。在薄膜使用过程中,难免有破损、烂孔等,要及时用黏合剂或胶带粘补,防止破损处再扩大。注意大风和大雨预报,当遇到大风或大雨时,要精心看护,随时压紧棚膜,并要固定骨架松动部分,及时将通风系统卷下关闭,防止大风或大雨进入温室内,对温室造成损伤,缩短其使用寿命。冬季,注意大雪预报。当遇到15厘米以上的大雪时,应及时组织人员,从温室拱顶上清扫积雪,减小雪压,防止压塌大棚,使损失降低到最低。当需要保温时,可手动人工将大棚通风窗系统塑膜卷下,防止空气的对流散热,保证室内的温度。夏季,当需要降温时,可手动人工将大棚通风系统塑膜卷起,如果需要进一步的降低大棚内温度,可将大棚两端山墙的入门组合也打开,便于空气的对流散热。薄膜受冻或暴晒,会促进老化。特别是钢管骨架,在夏季经太阳暴晒,温度可上升到60℃左右,从而加速薄膜老化和破碎。所以,不用时,薄膜要收起存放好。

（二）日光温室

1. 日光温室的类型

（1）**长后坡矮后墙日光温室**（图4-6） 这是一种早期的日光温室,后墙较矮,只有1米左右,后坡面较长,可达2米以上,保温效果好,栽培面积小,现较少使用。

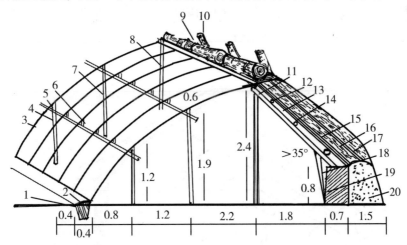

图4-6 长后坡矮后墙日光温室结构示意图（单位:米）

1. 防寒沟 2. 黏土层 3. 竹拱杆 4. 前柱 5. 横梁 6. 吊柱 7. 腰柱 8. 中柱 9. 草苫
10. 纸被 11. 柁 12. 檩 13. 箔 14. 扬脚泥 15. 碎草 16. 草 17. 整捆秋秸或稻草 18. 后柱
19. 后墙 20. 防寒土

（2）**短后坡高后墙日光温室**（图4-7）　这种温室跨度5~7米,后坡面长1~1.5米,作业方便,光照充足,保温性能较好。

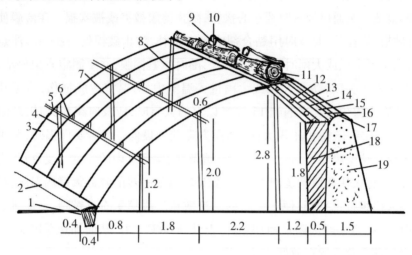

图4-7　短后坡高后墙日光温室结构示意图（单位:米）

1.防寒沟　2.黏土层　3.拱杆　4.前柱　5.横梁　6.吊柱　7.腰柱　8.中柱　9.纸被　10.草苫

11.椽　12.檩　13.箔　14.扬脚泥　15.细碎草　16.粗碎草　17.秫秸或整捆稻草　18.后墙

19.防寒土

（3）**琴弦式日光温室**（图4-8）　辽宁中部最早应用的一种温室结构。跨度7米,后墙高1.8~2米,后坡面长1.2~1.5米,每隔3米设一道钢管桁架,在桁架上按40厘米间距横拉8号铅丝固定于东西山墙。在铅丝上每隔60厘米设一道细竹竿作骨架,上面盖薄膜,在薄膜上面压细竹竿,并与骨架细竹竿用铁丝固定。该温室采光好,空间大,作业方便。

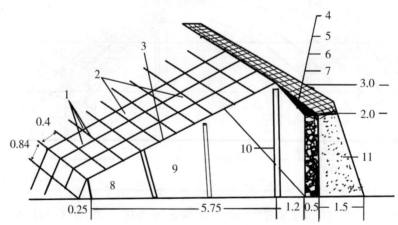

图4-8　琴弦式日光温室结构示意图（单位:米）

1.竹竿　2.8号铅丝　3.加强椽　4.秫草防寒物　5.扬脚泥　6.秫秸箔　7.檩子　8.前柱

9.腰柱　10.中柱　11.防寒土

（4）**钢竹混合结构日光温室**　这种温室利用了以上几种温室的优点。跨度 6 米左右，每 3 米设一道钢拱杆，矢高 2.3 米左右，前面无支柱，设有加强桁架，结构坚固，光照充足，便于内保温。

（5）**全钢架无支柱日光温室**　跨度 6～8 米，矢高 3 米左右，后墙为空心砖墙，内填保温材料，钢筋骨架，有三道花梁横向拉接，拱架间距 80～100 厘米。温室结构坚固耐用，采光好，通风方便，有利于内保温和室内作业。

2. 日光温室的结构

日光温室的基本结构是由墙、后坡（屋顶）、立柱、支架和棚面组成的。

（1）**墙是温室的主体，分后墙和东西侧墙**　后墙高 2 米左右。用砖砌或土打，墙体厚 80 厘米以上。用砖砌的墙一般是外侧三七墙，内侧二四墙，夹层 30 厘米左右，填充珍珠岩、锯末、炉灰渣等物。墙体每全高 50 厘米，隔 2～3 米加一道拉筋来加固墙体。在后墙下部，地面以上 50 厘米处，每一间温室留一个长 60 厘米、宽 30 厘米左右的通风孔。墙体剖面图如图 4－9 所示。

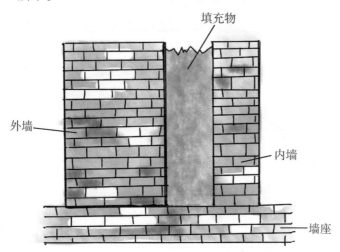

图 4－9　墙体剖面图

东西侧墙（图 4－10）和后墙联体，厚度一样，侧墙脊高 3 米左右，保持脊高和后墙高的落差为 1 米，这样后坡和后墙相交后的角度，能保证温室棚面在冬季最大限度地吸收日光能。

后墙和侧墙也有用土垒打起来的，一般较厚，都在 1 米以上，墙基的厚度可达 1.5 米左右，土墙不设通风孔。墙体的高度也比砖砌墙矮，高 1.5 米左右。还有一种土法日光温室，后墙由一土坡筑成，还有的在土坡的屋面一侧砌一砖墙，屋面即架于砖墙上，这种结构很坚固，如在土坡上栽上护坡草，既可保温，又可防止雨水冲刷（图 4－11）。这种日光温室造价低,保温效果好,是一种投资不高的发展模式,尤其在资金不足、发展初期的地区可以充分利用。在经济相对落后的山区,还可以利用梯田来建造温室。利用梯田的坝台作为温室后墙,把屋面架在坝台上构成温室(图4-12)。这种结构由于坝台很厚,背风向阳,保温条件很好,而且地处山地,昼夜温差大,所以所生产的鲜花质量极好。如利用毛竹作棚架,投资极少,还可以收到很好的经济效益。

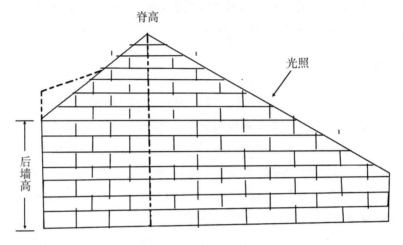

图4-10 东西侧墙形状

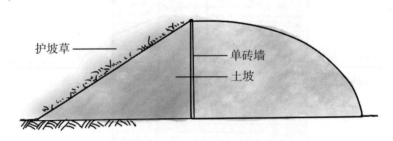

图4-11 利用土坡为后墙的日光温室

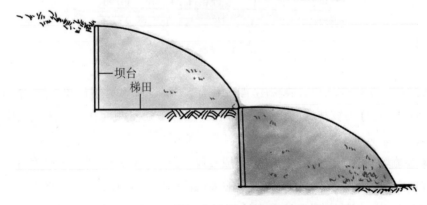

图4-12 利用山地梯田坝台作为后墙建造的日光温室

后墙的类型及其建造方式见表4-1。

表4-1 后墙的类型及其建造方式

后墙类型	保温性能	建造方法	造价
全堆土式后墙	最好	后墙从地面堆土,高度直达后坡,土堆宽度可达3~5米,为平衡土堆压力,宜采用三七红砖墙体,也可依地势建棚,将山体作为温室后墙,保温效果更好。土堆越厚,夜间温度越高,抵御极端天气的能力越强	15万元
半堆土式后墙	仅次于全堆土式	土堆堆至后墙腰部,宽度2~3米,墙体负担的压力小,空心砖墙可采用半堆土式。可在后墙开窗放风	12万~15万元
砖墙	蓄热能力较差	墙体为红砖墙或空心砖墙,多采用二四或三七墙体。为了减少墙体透寒,常在墙内夹泡沫保温板,但因内墙墙体薄,蓄热能力较差,高寒区不宜采用	12万~15万元
保温材料后墙	基本没有蓄热功能	大棚钢架的后墙部位以保温被或草苫及塑料作为墙体,能有效抵御寒气,但因缺少砖土墙体,基本没有蓄热功能,宜在冬季不太寒冷的地区采用	8万~10万元

（2）**后坡** 温室的后坡即屋顶,从后墙顶部内侧到屋脊的尺寸不小于1.5米。用材可就地取材灵活掌握,有用檩木搭架、苇箔铺顶,上抹滑秸泥或沙子灰,屋顶的厚度约30厘米;也可用檩木搭架,标皮板铺顶,顶上铺25厘米厚的加气块,然后灌沙子灰浆,抹平;有条件的用预制板盖顶。为了减缓后坡的斜度,可以在后墙外侧起高三层砖,里面填上炉灰渣,用沙子灰封顶抹平,这样既加厚了屋顶,增加了冬季保温效果,坡度变缓,也便于工人拉放保温帘,行走方便。

（3）**立柱、棚面支架** 立柱是用来支撑屋顶和棚面的,分顶柱和腰柱两种。顶柱是用来支撑屋顶的,用砖砌、水泥构件或钢管制作;腰柱用来支撑棚面,根据温室跨度的大小有用一道或两道腰柱的,腰柱的材料,一般用水泥构件、竹竿。竹竿的优势一是省钱,二是使用轻便。常见日光温室支架结构如图4-13所示。目前新建的一些日光温室,在棚架的用材和结构上有了很大的改进,屋顶支架和棚架都改用钢材,而且连成一体,省去了两柱。这样增加了温室的空间和土地利用率,同时光照效果得到了更好的改善。棚面的支架是温室支架的主体,棚面支架的用材从20世纪90年代初到90年代末就有了很大的变化。20世纪90年代初期,为了减少投入,多采用竹竿作棚面支架。1993年以后,北京地区的部分日光温室采用淘汰下来的蔬菜大棚架作棚面支架,把蔬菜大棚架从中间劈开,调整一下角度,一亩蔬菜大棚架可以作两亩日光温室的棚面支架。

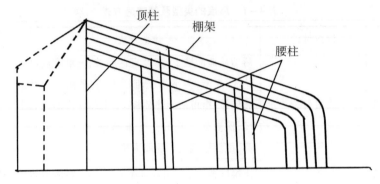

图 4 - 13　日光温室支架结构

（4）**覆盖材料**　温室的覆盖材料有:棚膜、草苫、纸被。温室的支架上覆盖棚膜后形成了保护地,入冬后在棚膜外覆盖草苫。草苫多用细芦苇和蒲草制成。也有用稻草制作的,每块草苫宽2.3米,长度根据温室的跨度决定。每一块草苫的重量要在50千克以上,才能保证苫子的厚度和保温效果。每年1月室外温度最低的时候,在草苫下面要加盖纸被或无纺布,纸被是用七层牛皮纸缝制而成。有的纸被用无纺布代替,但无纺布拉力小易损坏,为了延长使用寿命,可以用上年换下来的棚膜把无纺布包缝起来。

（5）**反光幕**　在后墙的中下部挂上一幅银光纸,起到反射阳光、充分利用光能的作用。据多年的实践观察,反光幕还有驱除和抑制蚜虫生长繁殖的作用。

（6）**遮阳降温网**　我国北方,每到夏季,常常出现高温、干旱的天气,对月季切花生产极为不利。为了缓解这一问题,在温室上方安装透光率50%的遮阳网,11 ~ 13时把网拉开遮光降温,同时起到增湿的作用。

（7）**防寒沟**　防寒沟设在温室前沿外侧,紧贴塑料棚膜和地面的交界处。防寒沟深40厘米,宽40厘米,长度与温室的长度相等。每年上棚膜前挖好,用秸秆、腐叶、锯末等将沟填满,压实,然后盖土并压严棚膜。防寒沟的主要作用是将室外的冻土层和室内的耕作层分离开,防止低温的影响。

3. 日光温室的建造

（1）**搭建主体钢骨架部分**　所需的材料有桁架前拱、桁架后拱、地脚连接件、后墙连接件、脊部连接件、纵向横拉杆、支撑梁、压板、后坡卡槽、内脊瓦、外脊瓦以及连接用的标准件。

（2）**铺设外层覆盖材料**　需要用的材料有底部裙膜、顶部薄膜、下部薄膜、卡簧、卡槽、压膜线、双钩、压膜卡、卡槽连接片以及一些标准件。

（3）**加装外部保温设施**　保温被(需要根据本地气候环境确定用多厚的保温被),还有卷帘轴、卷帘机、配套电机、卷被支架、瓦垫以及各类螺丝和标准件。

（4）**安装大棚顶窗**　所需材料有防虫网、卷膜轴、拉链式卷膜器、侧部卷膜器以及标准件。

注意事项:选择晴朗天气,切忌在大风天气施工。注意用电安全,尤其是骨架安装。

4. 新型日光温室

日光温室技术经过近十年来的发展日臻完善,如今已广为应用。目前的日光温室从设计模式、建筑结构及用材上,都有较大的变化,形式多种多样,出现了一些成本较低效果良好的日光温室。

（1）**用聚苯板作后墙保温的日光温室**　采用聚苯板保温的温室后墙有两种形式,一是三七墙,墙外有一层聚苯板保护(图4-14);另一种形式是两层二四墙中间夹一层5厘米厚的聚苯板(图4-15)。从保温效果上看,后一种形式的效果更好,因为这样更容易做到完全不透风,但相对而言其造价也比三七墙要高。以上两种形式的日光温室,均属造价较高,使用寿命较长的形式,在大型生产企业及大城市周边应用较多。

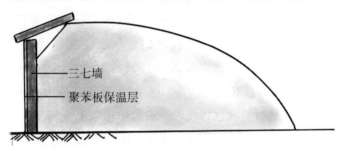

图4-14　聚苯板外墙保温的日光温室

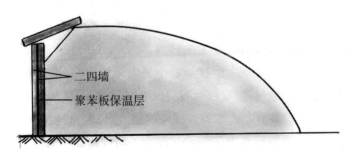

图4-15　聚苯板夹层保温的日光温室

（2）**RG-1型日光温室**(图4-16)　该温室是北京达通利科技开发有限公司设计生产的一种比较科学、先进的日光温室,它采用无机复合保温、双层顶保温,自动卷帘。其外形漂亮,保温效果好,使用寿命长,节省劳力。该型温室,跨度8米,温室脊高3.3米,墙体板厚0.15米,镀锌钢结构骨架,无机复合保温、双层顶保温,自动卷帘装置。

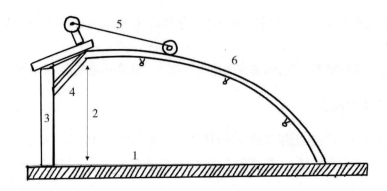

图 4 - 16   RG - 1 型日光温室

1.地面 2.室内高 3.后墙 4.后坡 5.卷被机 6.保温被

5.地热温室在切花月季生产中的应用

我国的地热资源十分丰富,从南到北分布比较广泛,出口水温也比较高,从40℃到100℃都有。这些地热资源有的早已开发利用,在20多年前就建成了地热温室(图4 - 17),用于蔬菜生产。20世纪90年代以后,开始建造改良温室,用于切花生产。华北油田在开采石油的过程中,在河北的固安、河间、雄县等地开出了不少地热井,地面水温83℃以上,高的接近100℃。20世纪90年代以后,在花卉市场的刺激下,开发了月季及其他切花生产。利用地热资源进行切花月季生产的地区主要集中在河北省和北京市,其中河北省规模最大。1993年,林业部国际林业合作公司与河北省河间市合作,在河间郊区建设了27公顷的花卉生产基地,建地热温室91栋,占地13公顷,全部种植切花月季,在最初几年成了北京市冬季月季切花货源的主要供应地,部分产品还发往山东、上海等地。固安县的牛驼乡和马庄乡也先后建设了地热温室种植切花月季,生产面积超过20公顷;雄县白洋淀地区的温泉城内也建了地热温室生产切花月季,占地4公顷。北京市的地热温室集中在小汤山,有北京市园林局的小汤山苗圃、北京市农业局和昌平区农业局所属的生产基地,均利用地热温室进行切花月季和其他切花生产。地热温室的种植条件比较好,因为热源充足,均衡供暖,冬季夜间温度能达到17℃以上,地温达到20℃,白天通过通风,可以把最高温度控制在25℃左右。因为不用拉放草苫保温,棚膜较少污染,透光好,冬季光照时数比日光温室长出3个多小时。空气相对湿度可以利用通风和人工增湿进行调控。

地热温室解决了冬季月季切花生产最主要的温度问题。地热温室的建造不像日光温室有严格的角度要求,但必须有保温设施,所以它的形式各不相同。地热温室在生产初期,大部分是利用菜田温室改为切花月季生产温室的,温室比较简陋,空间不大,多用竹竿、竹片、水泥构件作支架。这种温室后墙高1.8米,屋顶没有角度,从后墙顶直接下来,室内空间只有1米多高,再加上腰柱全部采用水泥构件,对光照有很大的影响。经过进一步的加工改造,后墙加高到2.4米,屋脊比后墙高出40厘米,棚架改用连体的水泥构件,取消了腰柱,只有一排顶柱,温室的空间加大了,改善了切花月季的生长环境。地热温室的切花月季生产最大的特点是季节性强,主要是针对北方花卉市场冬季切花月季供应紧张的状况来安排。河间中林花卉公司把切花月季上市的时间控制在每年的11月至翌年的3月,年产200多万枝,大大缓解了北方市场冬季切花月季供应紧张的状况。地热温室,在气温、地温、光照等方面,有着比日光温室更优越的种植条件。经过几年的生产实践又总结了深挖种植沟改良土壤,重剪、折枝,控制花期等一整套栽培管理措施。产出的切花枝条长,花头大,病虫害少,很受消费者欢迎。目前利用地热进行切花生产的面积在逐步扩大,技术也在不断提高。

图4-17　地热温室

6.塑料大棚及日光温室月季生产中存在的问题

日光温室虽然成本较低、搭建方便,但因为设施简易,在冬季保温、夏季降温、湿度平衡、病虫害防治等诸多方面不易控制。所以在日光温室的切花月季生产中还存在不少问题,如:全年产量不均衡,春夏季产量过于集中,秋冬季产量过少。据典型调查,3~6月的总产量,占全年总产量的40%,而10月至翌年2月,5个月的产量,只占全年总产量的16.8%。夏季病害严重,切花的质量下降。

（三）现代温室

现代温室,通常简称连栋温室或者智能化温室,它是农业设施中的高级类型,拥有综合环境控制系统,利用该系统可以直接调节室内温、光、水、肥、气等诸多因素,可以实现全年高产、切花月季品质质量提升。近几年随着蔬菜、花卉大棚建设的快速发展,现代温室为切花月季的发展带来了推动力(图4-18,图4-19)。

图 4 – 18 · 用于切花月季生产的现代温室

图 4 – 19 用于盆花月季生产的现代温室

1. 现代温室的类型

（1）**芬洛型（Venlo）玻璃温室**（图 4 – 20，图 4 – 21） 芬洛型温室是我国引进的玻璃温室的主要形式，为荷兰研究开发后流行全世界的一种多脊连栋小屋面玻璃温室，温室单间跨度为 6.4 米、8.0 米、9.6 米、12.8 米，开间距 3.0 米、4.0 米或 4.5 米，檐高 3.5 ~ 5.0 米，每跨由 2 个或 3 个(双屋面的)小屋面直接支撑在桁架上,小屋面跨度 3.2 米,矢高 0.8 米。近年有改良为 4.0 米跨度的,根据桁架的支撑能力,还可将两个以上的 3.2 米小屋面组合成 6.4 米、9.6 米、12.8 米的多脊连栋型大跨度温室,可大量免去早期每小跨排水槽下的立柱,减少构件遮光,并使温室用钢量从普通温室的 12 ~ 15 千克/米² 减少到 5 千克/米²。其覆盖材料采用 4 毫米厚的园艺专用玻璃,透光率大于 92%,由于屋面玻璃安装从排水沟直通屋脊,中间不加檩条,减少了屋面承重构件的遮光,且排水沟在满足排水和结构承重条件下,最大限度地减少了排水沟的截面,提高了透光性。开窗设置以屋脊为分界线,左右交错开窗,每窗长度 1.5 米,一个开间 4.0 米,设两扇窗,中间 1.0 米不设窗,屋面开窗面积与地面积比率为 19%。若窗宽从传统的 0.8 米加大到 1.0 米,可使通风窗比增加到 23.43%,但由于窗的开启度仅有 0.34 ~ 0.45 米,实际通风面积与地面之比仅为 8.5% ~ 10.5%,在我国南方地区往往通风量不足,夏季热蓄积严重,降温困难。这是由于该型温室原来的设计只适于荷兰地理纬度高,但冬季温度并不低的气候条件。近年各地正针对当地的气候特点对温室的高度进行改进,檐高从传统的 2.5 米增高到 3.3 米,直至 4.5 米、5.0 米,小屋面跨度从 3.2 米增加到 4.0 米,间柱距离从 4.0 米增加到 4.5 米、5.0 米,并在顶侧通风、外遮阳,用湿帘 - 风机降温,加强抗台风能力,加固基础强度,加大排水沟,增加夏季通风降温效果。

随着世界温室向南方温暖地带拓展和提高设施利用率的发展趋势,一种高开放度、能充分利用自然通风换气的新的开放型温室、换气窗大型化的温室,正在研究开发中。

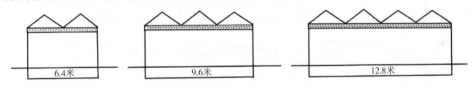

图 4 - 20　Venlo 型温室结构常见形式

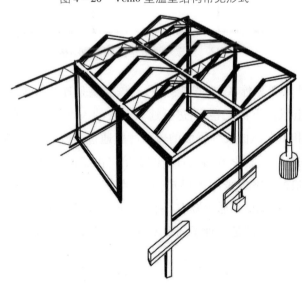

图 4 - 21　Venlo 型温室标准单元结构

(2) **里歇尔型温室**(图4-22) 里歇尔型温室是法国瑞奇温室公司研究开发的一种塑料薄膜温室,在我国引进温室中所占比重最大。一般单栋跨度为6.4米、8.0米,檐高3.0~4.0米,开间距3.0~4.0米。其特点是固定于屋脊部的天窗能实现半边屋面开启通风换气,也可以设侧窗、屋脊窗通风,通风面为20%和35%,但由于半屋面开窗的开启度只有30%,实际通风比为20%和16%,而侧窗和屋脊窗开启角度可达45°,屋脊窗的通风比在同跨度下反而高于半屋面窗。就总体而言,该温室的自然通风效果均较好。且采用双层充气膜覆盖,可节能30%~40%,构件比玻璃温室少,空间大,遮阳面少,根据不同地区风力强度大小和积雪厚度,可选择相应类型结构,但双层充气膜在南方冬季多阴、雨、雪的情况下,会影响透光性。

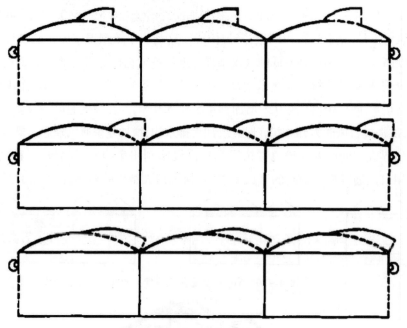

图4-22 里歇尔型温室主要类型结构

(3) **卷膜式全开放型塑料温室**(图4-23) 该温室是连栋大棚除山墙外,顶侧屋面均通过手动或电动卷膜由下而上卷起,进行通风透气的一种拱圆形连栋塑料温室。其卷膜的面积可将侧墙和1/2屋面或全屋面的覆盖薄膜通过卷膜装置全部卷起来,成为与露地相似的状态,以利夏季高温季节切花月季的栽培。由于通风口全面覆盖凉爽纱而有防虫之效。我国国产塑料温室多采用此形式,其特点是成本低,夏季接受雨淋可防止土壤盐类积聚,简易、节能,利于夏季通风降温,例如上海市农机所研制的GSW7430型连栋温室和GLW7.5智能型温室,都是一种顶高5米、檐高3.5米,冬夏两用,通气性良好的开放型温室。

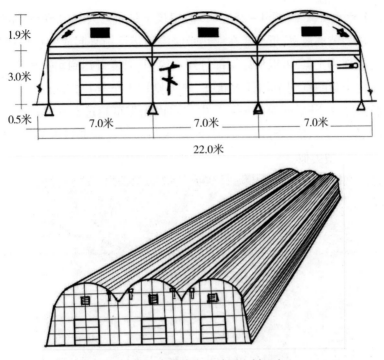

图4-23 卷膜式全开放型塑料温室

（4）**锯齿形温室**（图4-24） 锯齿形温室是适合南方温暖地区的开放型温室,侧窗可通过手动或机械卷帘装置双向开放,顶部锯齿形屋面通风,可通过机械卷膜或双层充气开闭。这类温室如果配合外遮阳,降温可达3～8 ℃。根据热空气流动的原理,其自然通风效果优于一般的塑料温室。

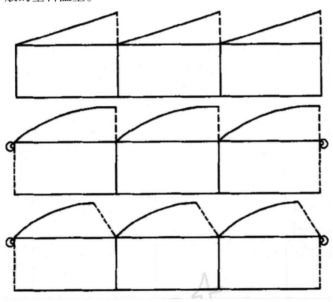

图4-24 锯齿形温室主要类型结构

（5）**屋顶全开启型温室**（图4-25）　该温室最早是由意大利的 Serre Italia 公司研制成的一种全开放型玻璃温室，近5年在亚热带暖温地带逐渐兴起成为一种新型温室。其特点是以天沟檐部为支点，可以从屋脊部打开天窗，开启度可达到垂直程度，即整个屋面的开启度可从完全封闭直到全部开放状态，侧窗则用上下推拉方式开启，全开后达1.5米宽，全开时可使室内外温度保持一致。中午室内光强可超过室外，也便于夏季接受雨水淋洗，防止土壤盐类积聚。可依室内温度、降水量和风速而通过电脑智能控制自动关闭窗，结构与 Venlo 型类似。

图4-25　屋顶全开启型温室

2. 现代温室的结构

一个完整的温室系统通常应包括紧密结合地域气候和作物如图4-26所示的全部内容或因经济约束选择其中的大部分内容。

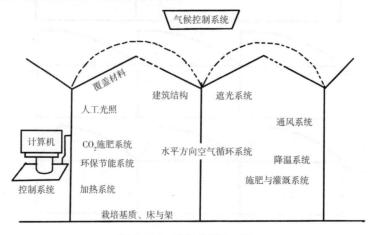

图4-26　完整的温室系统

建筑结构必须考虑当地的最大风力和雪压荷载;覆盖材料要考虑当地的太阳辐射和作物需光水平,还有使用寿命;通风、降温、加热等系统主要从当地气温的年、季、日变化特征和作物生产的温度胁迫以及成本等方面考虑;遮光和人工光照依据作物光照敏感期的季节分布与当地日照百分率条件选择。水平方向的空气循环和二氧化碳施肥系统,栽培床(架)与基质,灌溉与施肥系统,气候控制系统,材料处理设备等,也要结合当地条件与经济基础灵活选择。

(1)**温室的骨架** 大型材料多用钢材,小型构件多用更易于加工的铝材和 PVC 部件。所用钢材种类一般是 ST37,含硅低。为防止腐蚀均采用不同的镀锌或镀铝处理。通常将那些直接与柔性覆盖材料接触的构件,如屋顶的圆拱与檩条,采用电镀锌处理,使之具有光滑而良好的表面。其他如柱子等基本上采用热浸镀锌处理,但热浸镀锌的处理程序是在构件弯曲、钻孔或焊接等均已完成以后进行的。

(2)**温室的基础** 基础是连接结构与地基的构件。它必须将重力、浮力倾覆荷载,如风雪和作物荷载均安全地传到地基。基础底部应低于冻土层,并应设在原状土层表面上,而不是在充填的土层上。基础底面的大小和深度应根据温室的尺寸和土壤条件而定。最小深度不得小于 60 厘米。基础之间的安装尺寸及水平面上的准确性会影响整体装配过程和安装速度。用砼和构件预制底座是可取的方案,而将构件插入基础墩里再现浇砼的做法效果就相差较多。在安装基础时,非常重要的一点是沿天沟方向上要有 0.1% ~0.2% 的坡度;而在垂直于天沟的方向上,其坡度应尽可能为 0。对于天沟较长的温室,在地平上设置基础的坡度为从中间流向两端的方向。

(3)**结构节点** 一座温室的强度不是单纯取决于构件的强度,而是取决于整个温室中最弱的某个节点的强度。要做到温室坚固和安全,必须十分重视不同结构节点的科学设计和确保施工高质量。除了一些焊接节点之外,主要的节点是由螺栓和螺丝将各连接构件相互连接在一起的,因此,选用合适的螺栓非常重要。市场上有各种各样的螺栓和螺丝可供选择,但是由于温室气体具有腐蚀性,防锈是在材料选择中最为重要的问题。有多种方法可以防止开缝和丢失螺母,最常用的方法是在螺母和壁面之间用开缝垫圈,也有用不同排列的特殊螺母来防止由于震动导致的自开缝。

(4)**温室的覆盖材料** 常见的大型温室覆盖材料有多种不同类型:一类是增强型聚氯乙烯薄膜(PVC),是在由聚酯材料织成的网的两侧覆盖上普通的 PVC 而成。该材料十分坚实,可防止薄膜的膨胀,并可确保材料的总体强度。一个中等身材的工人可以在覆盖这种材料的温室屋顶上行走。该膜的厚度为 0.325 毫米,清洁膜透光率为 85%。其价格大约为普通 PE 膜的 7 ~ 8 倍。另一类是聚碳酸酯中空板,它是目前塑料应用中最先进的聚合物之一。聚碳酸酯具有各种性能相结合的特点,其强度高,透光率可高达90% 以上,具有弹性好、自重轻、保温好、寿命长等优点,但价格也相对较高。玻璃温室则是顶部采用 4 毫米玻璃覆盖,侧面采用 4 毫米浮法玻璃覆盖,采用温室专用铝合金型材固定。骨架设计和安装的宗旨是追求最小的光线遮挡率,同时追求其保证年限内的确切安全牢固。而覆盖材料的选择则应是追求使用期内最大的透光率与最小的室内能量耗损。

3. 现代温室光照环境及其管理

温室是太阳辐射的转换器。其转换效率如何,取决于温室的位置、结构、排列以及覆盖材料、技术管理等。温室的光环境水平不仅直接影响温室内光合作用的能源光的有效辐射,也影响到温室的温度、空气相对湿度等一系列变化。

现代温室结构较好,可全天候多方位接受光照。由于透光材料的光选择性较好,温室四壁和顶部均有较完全的光波透入。晴天的直射阳光和散射光,阴天的散射光以及曙光、暮光均可透入。温室内的受光时间接近外界环境,而且不同方向的来光均可较好地透入。一年四季中太阳光线随季、月变化的入射角度,不太影响温室内光的收入。现代温室内的光照环境调节系统(图4-27),通常是由计算机、测光传感器、遮光网和补充照明光源等组成的。它可以根据外界的光照,作物的需光进行自动遮光和补充人工光源。切花月季为喜光作物,在不同的生长发育阶段表现出不同的需光量。温室内光照调节通常有光照长度和光照强度两个方面。光质调节目前生产上尚不及前两种来得方便。调节光照长度的依据是当地自然日(昼)长和切花月季的光周期要求,即通过增加或缩短自然日(昼)长以满足月季的光周期需求提高月季的产量和品质。

遮光和补光在现代温室中均由计算机控制。当输入作物各阶段对光照需求的参数后,测光传感器和有关软件将实现遮光或补光的自动化过程。需要遮光一般来自以下情形:高温季节或中午为适当降低温室过强光线和过高的温度,即遮去部分过强的太阳辐射,以保证植株得到较为柔和的足量的光照和接近适宜的温度。例如月季切花生产,为获取更艳丽的花色和水灵灵的枝叶而进行某些阶段的部分遮光。补光在温室生产中一直是一项重要而有效的栽培措施。即使纬度较低的地方,也有因阴雨天气多、塑料覆盖污染或反季节促成栽培等原因,而造成日照时数或强度不足或光波段不适,需要人工补充光照。世界各地都在大棚温室中进行过补光试验,产品增产增质的效果较为显著。月季切花生产也不例外。但在我国北方地区,由于年太阳总辐射量比较大,温室月季切花生产基本不需要补光。

图4－27　现代温室的光照环境调节系统

4.现代温室温度环境特征及其调控

温室的温度调节要保证切花月季的产量及品质,控制切花月季的适温并使室内温度分布尽量均匀。从温室发展历史,可以看出一个温度环境管理的轨迹,从最初的保温发展到加温,从恒温发展到变温,进而走向环境条件的综合调控。现代温室则采用计算机进行环境的综合调控。实测资料表明:现代温室内温度表现为增温较慢,但保温性好;逆温极少出现;温度的空间变化较均匀;室内地温也较稳定。

(1)现代温室的保温性较好　白天,通过透光覆盖材料透入温室内大量太阳直接辐射和散射辐射,大部分被温室内地面和物体吸收。由于这些物体温度较低,发出的长波辐射难以透过覆盖物散出室外而大部分被截留在温室内,使温室内气温上升,即所谓的"温室效应"。这部分升温作用实际上只占温室升温的1/3;其余的2/3是依靠温室覆盖材料的不透气性阻隔室内外气体交流所保留的热量。温室的热环境状况比较复杂。采用实测资料比较以下几个指标,认识现代温室热环境的若干特征。温室的保温性与温室内土地面积和温室表面积相关。

$$保温比(R)=温室内土地面积(米^2)/温室表面积(米^2)$$

据实测和计算,现代温室和日光温室的保温比表明:现代连栋温室保温比(R)的大致范围为$0.68\sim0.71$;传统日光温室的保温比(R)的变化范围大致在$0.56\sim0.59$。显然,现代温室的保温比大于传统日光温室$17.5\%\sim18.6\%$。表明温室越大,其保温比越大;相反,温室越小其保温比越小,夜间室内气温下降就越快,夜间室温过低,对作物不利。

现代温室体积大,保温比大,室温变化缓慢,昼夜温差较小。而传统日光温室体积小,保温比就小,室内温度变幅大,保温性差,昼夜温变悬殊。

温室热环境的理论研究十分复杂,通常用温室的热效应、热惰性等指标评价热状况。

温室的热效应(F),定义为温室增温系数(a)与降温系数(b)的乘积,即 $F = a \times b$

其中,$a = \dfrac{\Delta Ti/h}{\Delta To/h}, b = \dfrac{\Delta To'/h'}{\Delta Ti'/h'}$

h 分别代表一天中增温阶段的时间累积(小时数);ΔTi 和 ΔTo 为增温阶段室内外的增温值;ΔTo 和 ΔTi 分别为降温时段(h)室内外的降温值。由上式不难看出,增温阶段若室内的增温速率越大于室外,温室增温能力就越强,温室越容易升温,则 a 值越大。而在降温阶段则相反,温室的降温速率,比室外越小,即温室保温性越好,温室越不容易降温,b 值越大。于是 a、b 值之乘积越大,表明温室增温能力强,保温性能好,即该温室易增温不易降温,温室的热效应较高。

温室的热惰性,即温室外(Ao)与温室内(Ai)的气温日较差之比,可由下式表示:$I = Ao/Ai$

它实际上表示温室对室外气候变化的缓冲能力。热惰性(D)大的温室内部的温度环境变化平滑而缓慢;相反,热惰性(D)越小,表明温室的温度越容易跟随外界气温急剧起落而呈现较大的日变幅。显然温室热惰性(I值)过小的温室不易缓冲温度变化,对栽培作物不利。

现代连栋大温室由于结构、覆膜等差别,虽然晴天增温稍慢于日光温室(缓慢5%左右),但保温系数较大(高出9%),最终热效应还是比较大(高出10%);由于热惰性表现较强,现代温室内温度日较差小于外界环境更小于日光温室,显现温变和缓。

(2)现代温室的"温室逆温"现象极少出现　夜间甚至直到清晨温室内的温度低于外界温度,这种现象叫作"温室逆温"。逆温现象出现在有风的晴朗无云夜间。当晴夜静风,外界气温的垂直分布通常是上层气温高于下层气温,越贴近地表气温越低;而晴夜有风扰动时,外界近地层的空气可从上层空气中获得热量补充,而温室(或大棚)由于覆盖物的阻挡,室内却得不到这部分补充热量,加上自身较强的长波辐射散热(据称这种长波10皮米左右,辐射散热的强度可达 293.1～418.7 焦/米^2·时),造成温室内温度低于外界的"温室逆温"现象。"温室逆温"现象的有无和强弱,随温室覆盖材料和温室内土壤(基质)的净辐射强度而呈正相关变化;同时,这种"温室逆温"现象也随温室的保温比和地中传热量而呈负相关变化。如前所述,在现代温室中,由于体积大其保温比也大,逆温极少发生。再者由于 PVC 对长波(＞3 微米)辐射的透过率仅为 10%,而 PE 膜则透过90%,现代温室大多采用 PVC 膜覆盖,覆盖材料的长波透过率低,加上有缀铝保温网幕,净辐射很低,这样"温室逆温"现象在现代温室中通常极少发生。其夜间温度在合理通风的条件下就会较好地得到保持。

（3）现代温室温度的空间分布较为均匀　影响温室内温度空间分布的因素很多。在不加温时，由于太阳辐射入射量分布的不均匀、外界风向、温室的内外温差，以及通风换气降温的方向、方式等，都会影响温室内温度空间分布的变化。在加温时，还要加上加温设备的种类、安装方式等，均会对温室内温度的垂直和水平分布产生显著的影响。通常，在温室内边缘部分有一低温地带，在大型温室里，低温边缘带所占比例较小，而在较狭小的温室里，边缘低温带所占面积比例相对较大。尤其在冬季，温室内加温与外界气温差别较大时，温室内低温带与中心相对高温部分的差异就更为显著。在现代大型温室内，边缘低温所占面积比例很小。当外界有风时，通常温室的上风一侧外部因屋顶部分形成负压，内部易形成高温区；相反，在下风一侧，外部棚面形成正压，其内部出现一低温区，这样就形成一个与外界风向相反的贴地面气流小环流。在温室内部近地层，气流由下风一侧流向上风一侧。若加温设施采取均匀配置，则温室内将会出现某层与盛行风向一致的高温区和低温区较明显的梯度变化，同时，由于内部地面相反方向的小环流的影响，大风的日子在温室内，水平方向上上风侧的高温与下风侧的低温的温差将被加剧。而在大型自动化控制的现代温室中，由于外界风向等气候变化由相应的传感器传递到计算机控制系统，计算机可以适度打开上风侧的侧面阻隔，同时，排风换气有效地缓解风力造成棚膜上压力。强制排风相当于在多个方向上削弱温室内部温度的水平梯度，即使在大风的日子里，现代大温室内部，温度的水平变化不大，仍呈现相对的比较均匀的状态。自然的与强制的两种排风方式，也大大促进了温室内温度的垂直和水平扰动，有效地平抑了温度因多种因素造成的空间分布不均，使温室内部温度的梯度变化趋于最小。在比较均匀且起伏和缓的温度环境里，月季花卉的生长发育比较顺利。现代温室的地温变化同样比较稳定。但是，随着作物层高度的抬升，白天来自太阳的辐射量由于作物层遮阴而逐渐减少，土壤（基质）蓄热也随之减少，白天地温上升少，夜间地温也相应降低。尤其在作物达到一定高度层之后，连阴、雨、雪天气，生长后期温室地温应成为密切关注的重点。

（4）现代温室的冬季加温与夏季降温　温室设施的散热有三个方面：第一方面是透过覆盖材料的辐射、对流和热传导等透射传热，也称围护结构传热，占总散热的 70%～80%；第二方面是通过缝隙漏风和排风的换气传热占总散热的 10%～20%；第三方面是土壤（基质）热交换的地中传热，占 10% 以下。冬季不加温温室夜间从地中向空气传热量与温室散热量有关，一般 41.87～83.74 千焦/米^2·时冬季栽培切花月季或周年生产，在北方多采用加温方式。加温设计既要考虑月季夜间生长的最低适温，又要考虑当地冷季室外气温水平及其变化范围。综合考虑当地温度条件、切花月季的温度需求以及种植者的能源条件，选择热水、电能、燃气或燃油、燃煤热风炉等不同的加热方式。夏季降温，在现代温室中有缀铝 PVC 幕挡用于遮阴，同时还有自然通风、强制通风等多种方式，均由计算机控制,按预定的温度设定值自动进行通风。夏季温度基本可满足作物要求,无明显热害产生。夏季晴天开启遮阳网,使室内光强降低,一般可降低 2~3℃。但酷暑季节室外气温高达 36~37℃ 时,温室内开启天窗和/或侧窗,温度仍居高(39℃ 左右)不下,这时加上强制机械通风,温度可降至与室外接近或相同水平。在北京,这样的高温水平多数年份不足半个月,在开足降温设施的条件下(虽不加湿帘)可以满足主要温室栽培品种的需要。当然,在炎热地区采用开窗和湿帘或微雾方式也是有效的降温方法。

5. 现代温室的空气相对湿度和换气管理

现代温室采用自然换气、强制换气两种方式。换气的主要功能无外乎三项:一是降温,二是排除湿气,三是补充二氧化碳。温室通常为了保持室温,常为密闭状态,易造成空气相对湿度过高的情况。特别是阴天、雨天和夜间更易造成过湿,致使苗软弱,易染病害甚至凋萎。调节温室内的空气相对湿度和空气环境主要靠通风进行。根据现代温室的结构和覆盖形式,通风等空气管理技术的要求较高。目前,通风可分为自然通风和强制通风两种。

(1)**自然通风** 现代温室的自然通风是由控温仪、风和温度传感器依设定的温度、风向通过计算机顺风向卷放侧帘实现自然通风换气的。

(2)**强制通风** 强制通风可以在较短时间内使温室内温度状况得到改善。通常强制通风采用排(送)风扇,将温室内空气迅速排出或将外界空气吸入室内进行温室内外空气交换。采用自然通风时,温室内安装空气循环扇进行辅助通风,则效果更好。强制通风的机械风扇和自然通风的辅助方式(空气循环扇)。采用何种通风换气方式,取决于温室条件。在周年生产的温室内最好同时设置两种方式,平时以自然通风为主,以节省能耗;必要时辅以强制通风,以加快除去过高的空气相对湿度。

(四)常见设施内的配套设备

1. 保温和降温设备

(1)**保温设备** 保温设备主要包括保温被或草苫,有条件的可用空调、白炽灯、加温管道或暖气。一般而言,加温的设备有热水加温、热风加温和电热加温等几种。

1)热水加温设备(图4-28) 主要设备是锅炉和散热器。散热器有钢管和散热片两种形式,热水的循环方式有重力式和强制式。散热器的配置方式因设施的构造及规模的不同而异,常见的有配置在设施侧壁或作物行间两种形式。热水加温设备的优点是热容量大;设备停止运行后,温度不会急速地降低;室内温度分布比较均匀。缺点是设备造价高,不便于移动,只限于永久性温室使用。

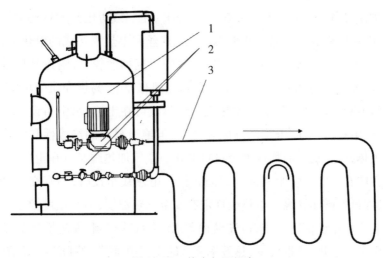

图 4-28　热水加温设备

1. 热管式速效节能炉　2. 水泵循环总成　3. 塑料红外散热管

2）热风加温设备（图 4-29）　主要采用热交换型强制进风方式。由燃烧器、热交换器、送风装置和控制器等部分组成。通常以燃油或石油液化气为燃料。燃料在燃烧室完全燃烧后释放热量,经热交换器由送风机将热风吹入室内。热风加温设备的优点是热效率高,可达 70%～90%;设备价格低,没有固定管道;安装移动方便,便于机械化作业;设备开动后,能够在较短的时间内达到要求的温度。主要用于临时性、局部的加温。缺点是室内温度分布不够均匀,上部温度高,下部温度低。

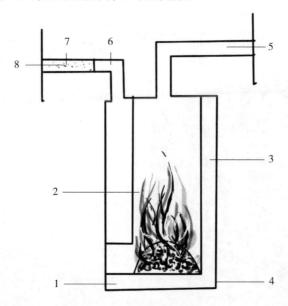

图 4-29　热风加温设备

1. 灰膛　2. 炉膛　3. 风膛　4. 风机　5. 排烟道　6. 铁皮风管　7. 塑料风管　8. 送风孔

3)电热加温设备　主要是利用电热丝、电热棒、电热线等电热元件构成电热板、电热炉、电热管和电热风机等多种结构的电热器。电热丝和电热棒构成的电热器,温度高、热辐射强,在空气中以辐射和对流方式传热,形成的温度梯度较大,附近易形成局部高温,不能紧靠植物布设,使用安全性较差,不宜在高温和有导电、易燃介质的场所设置。电热线按绝缘材料不同分地热线和空气加热线。地热线可在土壤、水中布设,能适应各种布设形式要求,应用较广,多用于育苗温床和鱼塘,但绝缘材料的绝缘性和耐热性较低,不宜在空气中加热,以免氧化而加速绝缘材料老化。空气加热线又可在土壤、水中布设;在空气中布设亦应有一定安全距离并设置防护网。电热线布设时,不宜交叉、重叠接触和打结,以免局部过热破坏绝缘。电热线规定有安全加热温度,需与温度控制器配合使用。电热加温设备优点是设备简单,布设安装简易,便于自动控制,使用管理简便;直接在室内、土中、水中布设加热,热损失少,热效率高。缺点是电加热费用较高,目前应用于大面积加热尚受限制,仅用于育苗温床、栽植槽、栽植架等局部加热。因生产上要最大限度地利用太阳自然光能,同时做好防止大棚的散热工作,以免过多过早使用加温设备,增加生产成本。

(2)**降温设备**　降温设备主要在高温季节或棚内温度过高时使用。采用的主要降温设备是遮阳网、湿帘或喷雾设备等。降温方法主要有通风降温、湿帘降温和喷雾降温等方式。

1)通风降温　它是自然通风降温的简称,通过人工或自动打开通风窗口,利用空气的流通进行降温。如果温度还是太高降不下来,可采用湿帘降温和喷雾降温方式。常见的通风降温装置如图4-30,图4-31,图4-32所示。

图4-30　塑料大棚的通风降温扇

图 4 – 31　塑料大棚的通风降温口

图 4 – 32　现代温室的通风降温口

2）湿帘降温（图 4 – 33）　主要设备是负压风机和湿帘,利用的是负压抽气和水分蒸发冷却降温的原理。湿帘主要由高分子湿帘纸组成,湿帘纸是一种特殊的产品,经过特殊处理,结构强度高,耐腐蚀,使用周期达 6 年以上。使用过程中,一是要保持水源的清洁。这可阻止湿帘表面藻类或其他微生物滋生,从而延长湿帘的使用寿命。为了防止湿帘表面藻类或其他微生物滋生,每个月可以使用氯制剂处理水质。二是要注意开关机顺序。在水泵停止 30 分后再关停风机保证彻底晾干湿帘,系统停止运行后检查水槽内积水是否排空,避免湿帘底部长期浸在水中。三是合理控制水量。运行中水量大了浪费水,水量少了降温效果不好,只有水量适宜才能达到良好的降温效果,管理人员要经常检查湿帘的运行情况,以使供水湿帘均匀。四是及时进行湿帘清理及维护。如果发现湿帘有干湿不均的现象,除了清楚供水循环系统的压力以外,还要看水质是否清洁。五是注意冬季保养。冬季风机不用时要将池内水放尽,并用塑料布将外部包扎好。

图4-33　现代温室的湿帘装置

3)喷雾降温(图4-34)　喷雾降温的工作原理是在作物冠层以上的空间喷以浮游细雾,细雾在未落到作物叶面时便全部蒸发汽化,吸热以降低温室大棚室内温度。为提高温室大棚降温效果,可安装风扇来提供向上的气流,蒸发率提高,降温区域扩大,使温室大棚内温度更低,且分布更均衡。有些温室大棚屋,还可安装顶部喷淋降温系统,是指在温室大棚的顶棚喷洒一层薄水层,通过增加自由水面区来提高水的蒸发率。这种方法能够降低周围空气的相对湿度,达到降温效果。对遮阳幕进行间断性喷淋实验,屋顶的水分蒸发能够吸收大约50%的太阳辐射,使通过屋顶的热通量明显下降。数据表明,相对于干燥遮阳幕能够降低18%的温度,湿润的遮阳幕则可以降低41%的温度。这种屋顶喷淋没有造成温室大棚内空气相对湿度的显著增加,棚内的温度和空气相对湿度分布比较均匀,能耗小,可以达到温室大棚降温和降低温室大棚生产成本的双重目的。降温时,一定要充分利用放风自然降温,当达不到理想温度时,再使用降温设备降温,以减少生产成本。

图4-34　现代温室的喷雾降温系统

2. 遮阴和增光设备

（1）**遮阴设备**（图4-35）　遮阴主要是在夏季,通常使用黑色遮阳网短期覆盖。遮阳网是采用聚乙烯、高密度聚乙烯、PE、PB、PVC、回收料、全新料等为原材料,经紫外线稳定剂及防氧化处理,具有抗拉力强、耐老化、耐腐蚀、耐辐射、轻便等特点。其常用规格为长50~100米,宽1~8米,可按大棚定制长和宽,遮光率在50%~95%。遮阳网的主要优点还有显著降低温度、地温和光照强度,使用遮阳网可显著降低进入设施内的光照强度,有效地降低热辐射,从而降低气温和地温,改善月季生长的小气候环境。一般可以让气温降低2~3℃,同时有效地避免了强光对月季生长的危害,遮阳网还可防暴雨冲刷,有利于保湿防旱。南方的降水量较多,且多集中在夏季,由于遮阳网的机械强度高,能有效地缓解暴雨冲刷对月季造成的损伤,防止土壤板结和雨后倒苗、压苗。采用遮阳网覆盖可有效降低植物的蒸腾作用,有利于保持室内的空气相对湿度,从而减少灌溉次数。覆盖时期一般在7~8月,其他时间光照强度适宜,如无大暴雨则不必遮盖。遮阳网不能长期盖在棚架上,特别是黑色遮阳网,只是在夏秋烈日晴天中午,其网下才会达到近饱和的光照强度,最好10~11时进行遮盖,16~17时揭网。撤网前3~4天,要逐渐缩短盖网的时间,使植株逐渐适应露地环境。

图 4 – 35　现代温室的遮阴系统

图 4 – 36　现代温室的 LED 补光系统

（2）**增光设备**　使用聚酯膜镀铝后形成的反光幕。它表面光亮如镜，平面照射在温室后墙上的太阳短波辐射被反射到温室弱光区，射到植物体和地表上，使温室内弱光区的光照强度大大提高。反光幕的增光有效范围一般距反光幕 3 米以内，地面增光率在 9% ～ 40%，60 厘米空中增光率在 10% ～ 50%。实验表明，反光幕可改善室内光照条件，增加光照强度，使室内地表吸收更多的太阳辐射能，其地温、气温均有明显变化，一般可提高 2℃左右。这样，调节了温室后部的光照条件，促进了光合作用，植株生长旺盛，节间紧凑，叶色浓绿，大大提高温室效益，促进增产、增收。如果条件许可，也可利用日光灯管、白炽灯泡、LED 植物生长灯（图 4 – 36）与高压钠气灯（HPS）补光。

3.灌溉及排水设备

大棚或温室由于棚膜的隔离,如果采用大水灌溉的方式进行灌溉,极易造成棚内空气相对湿度过大、地温较低、病害加重,甚至影响产量和质量。因此,为解决这个矛盾,最好使用温室专用灌溉系统,既可定时定量地向植株供水,又可防止棚内空气相对湿度过大,如配上施肥罐,还可一次完成灌溉和施肥,实现高产优质和高效。如果规模生产,还可使用灌溉自动化设备,实现灌溉自动化管理。目前,多数大棚使用微型滴灌系统(图4-37)。据调查,安装滴灌系统十分必要,不仅节约了劳动力,还可以让水分把肥料和氧气输送到适当深度,比不装滴灌,切花产量提高50%左右。大棚周围都应挖有排水沟,所以排水一般不需要特殊的设备,但是当遇到大雨积水时,需用水泵将积水抽走。

图4-37　现代温室的滴灌系统

4.耕作、施肥和施药设备

设施内耕作主要使用小型耕作机械,简称微耕机,主要用来完成耕地、耙地、除草、喷药、施肥等工作。简单的喷洒农药和肥料的设备是人工机械式或电动式喷雾器、喷药机、药液微喷器、硫黄熏蒸器、自走式喷淋机等。

5.采收、分级、包装等设备

采收切花月季的设备主要是修枝剪、收集箱、装有保鲜剂的容器等。分级设备主要是测量花枝长度的尺子。包装设备主要有去除叶片和皮刺的工具、捆绑材料、包装材料等。

6.保鲜与储存运设备

月季花枝采切下来后,经过分级和包装后,需要进行保鲜和储藏及运输。保鲜常用保鲜液处理,然后放入冷库储藏。销售时,从冷库中取出,通过空运或采用冷藏车运输到目的地。冷库一般建立在生产场地附近,生产面积小,产量不大时,可用简易地上式保鲜冷库。生产面积和产量大时,可租用大型冷库。

五、月季良种繁育

（一）幼苗的繁殖

目前,用于商业生产的月季品种几乎都是杂交育种或是由杂交育种的品种变异而来的,所以,月季的繁殖多采用无性繁殖的方法。无性繁殖的方法主要有压条、分株、扦插、嫁接、组织培养等。然而由于压条、分株等无性繁殖法繁殖系数较低,无法满足大规模生产的需要,所以多采用扦插繁殖或嫁接繁殖。近年来,为快速繁育出大量的、满足生产需要的苗木或为了迅速扩大新的月季品种,组织培养也成为月季繁育的重要方法。

1. 优质种苗的选择

（1）**切花月季优质扦插苗标准** 切花月季可以使用扦插进行繁育,其优点是可得到性状与母本的花色、株形和习性表现一致的苗株,且不存在嫁接的砧木会出现老化的问题。切花月季优质扦插苗的国际分级标准见表5-1。

表5-1 切花月季扦插苗国际分级标准

项目	1级	2级	3级
地径(厘米)	≥0.6	≥0.4	≥0.3
苗高(厘米)	≥13	≥10	≥8
叶片数(片)	≥8	≥6	≥4
接枝茎节数(个)	4~5	≥3	≥2
根长(厘米)	≥5	≥5	≥3

（2）**切花月季优质嫁接苗标准** 对于一些扦插难生根或根系不发达的月季品种,可以使用嫁接苗来繁育,嫁接苗不仅长势健壮,花蕾大且开花数多。切花月季嫁接苗国际分级标准见表5-2。

表 5 – 2　切花月季嫁接苗国际分级标准

项目	1 级	2 级	3 级
砧木基径(厘米)	≥0.8	≥0.6	≥0.4
接枝基径(厘米)	≥0.5	≥0.4	≥0.3
接穗位高(厘米)	5～10	5～10	5～10
接枝长(厘米)	≥15	≥10	≥8
接枝茎节数(个)	≥5	≥5	≥3
叶片数(片)	≥4	≥4	≥4
根长(厘米)	≥10	≥6	≥4

注:具有嫁接的痕迹与已愈合的接口,同时有接芽1～2个。无叶片苗木,以茎节数代替。

（3）**切花月季优质脱毒苗标准**　月季脱毒种苗是应用月季茎尖分生组织脱毒、热处理、化学药剂处理等有效脱毒方法获得再生试管苗,经检测确认不再带有李坏死环斑病毒和苹果花叶病毒等检测对象,这样的种苗即称为月季脱毒种苗。脱毒核心材料指的是最先经过脱毒处理获得的,经检测不携带有种苗质量要求所规定检测对象的初始繁殖材料。以脱毒核心材料为种源,采用组织培养技术生产出的符合质量要求的繁殖用组培苗,称为脱毒原原种苗。脱毒原种苗则是以脱毒原原种苗为种源,在良好隔离条件下生产出的符合质量要求的种苗。再以此为种源,在良好隔离条件下生产出的符合质量要求的以生产切花为目的的种苗,称为切花生产用的脱毒种苗。从外观上看这类种苗要求叶片数在4片以上,且叶色浓绿,叶质厚实。根系完整且新鲜,丰满匀称、根粗壮且数量较多,有4条根以上,根长最少超过2厘米。植株生长旺盛,新鲜程度好,无畸形、药害、肥害和机械损伤。

对于脱毒原原种苗和脱毒原种苗的混杂植株允许率为0,切花生产用的脱毒种苗的混杂植株允许率为≤2%,各级规定检测对象的病株允许率见表5–3。

表 5 – 3　切花月季优质脱毒苗病株允许率

项目	脱毒原原种苗	脱毒原种苗	切花生产用的脱毒种苗
病毒病	0	0	0.50%
根癌病	0	0	0
黄萎病	0	0.50%	0.50%
银叶病	0.10%	0.50%	2.00%
昆虫	0	充分地脱除	—
其他真菌病害	0	充分地脱除	—

备注:"—"表示该项目不需要检测。

2.种苗的扦插繁殖

扦插繁殖因其方法简单、成本低廉、有较高的繁殖效率并且繁殖苗开花早、成苗快、繁殖材料充足等优势成为我国应用历史最长、应用最广的繁殖方法。但是月季的扦插成活率却与品种有着很大的关系:红色和粉色的月季品种扦插成活率较高,生根较快;白色品种次之;黄色品种的扦插却成活率极低,有时甚至难以成活。尽管采用一些生长素类药剂处理可以提高成活率,但是这种品种间成活率上的差异仍然未能消除。

(1)**扦插材料** 扦插所选用的材料可使用从基部发出的脚芽,脚芽发育成生长发育正常、无病虫害(特别是无白粉病与黑斑病)、枝条充实的枝条。在枝条发育健壮成熟后,在适宜的时期和环境下将枝条剪切成长度为10~13厘米的插条,插条下端45°马蹄状斜剪,增大吸水及生根面积。插条上要保留两个及两个以上的芽,很多品种需要保留3个芽扦插。嫩枝扦插时插条上各节保留叶片,扦插时剪去下部叶片,只保留上部两片复叶,复叶较大时保留基部两片小叶。因为诱发扦插苗生根的养分来自枝条内原有的储存营养,因此插条的粗细与生根发叶有直接的关系。插条最好选择落花后1周的花枝,如果落花时间过长,则枝条上端的芽萌发过多,则营养会供给芽的营养生长,不易生根;落花后时间过早的枝条成熟度不够,扦插后生根缓慢,在温度、湿度都较高的环境下枝条易腐烂,使成活率下降。而不能开花的纤弱枝,由于其枝条内自身营养含量及内源激素都低,不易生根,不宜作插条使用。所以在选择插条时应选取发育健壮成熟的枝条,木质程度较高,枝条易折不易弯;皮层厚;有一定角质化表皮;针刺木质化,坚硬刺手;叶片厚硬;皮孔木质化呈浅褐色、稍突起的成熟枝条。

如果要从事大规模月季育苗,最好建立专为育苗用的采穗圃,以保证插穗的数量和质量,并且不易出现混杂,能够有效地保证品种的准确和纯正。

(2)**扦插时间** 扦插繁殖一般结合切花生产的休眠期进行。春季扦插在2~3月进行。春季气候温和,枝条活力强,扦插后1个月左右即可生根,成活率较高。夏季扦插,又称生长期扦插、嫩枝扦插,在7~8月进行,是采用当年生的成熟枝条带踵并留两片小叶进行扦插。秋冬季扦插,又称休眠期扦插、硬枝扦插,是利用月季冬季落叶后的木质化枝条在苗床中进行高密度扦插,至翌年开春后发根。扦插的时间也与不同的地域环境相关,长江以北的郑州地区一般在春、秋两季进行扦插,而云南、四川等地,一年四季均可进行。

(3)**扦插基质** 扦插进行的场所应具备土层深厚、结构疏松、通透性佳、排水良好、空气流通等特性。也可专门建立育苗床,宽1米、长3米左右(根据场地、需求确定大小)。扦插基质大体可分为两类:一种是河沙、蛭石、珍珠岩等矿物质类;另一种为杏核、核桃壳、稻壳等生物活性物质的炭,即活性炭类。选用河沙作为扦插基质时,应筛去过粗的沙石,选取粗细适合的沙粒,河沙沙粒本身不持水,仅靠沙粒间的孔隙持水,所以使用河沙作为扦插基质时为避免基质失水干燥,应及时喷水,由于扦插后,插穗周围的水处于经常流动的状态,使得插穗不易腐烂,有利于扦插成活。尤其是在夏季,天气炎热,采用河沙作基质扦插月季,能明显提高成活率,是适合月季扦插的介质之一。在选用细沙作为基质时可先用甲醛喷洒消毒,然后放在平坦干燥处晾晒,并翻动 3 次左右,让甲醛完全挥发,3～5 天后制作扦插床,扦插前将细沙浇透并将沙面轻轻刮平。蛭石和珍珠岩也是月季扦插的良好基质,二者都是矿质保温材料。蛭石本身孔隙较多,持水活力强;珍珠岩无持水能力。使用时最好把它们混合在一起。最佳的混合比例为 4∶1。尤其在冬季,由于它不必像用沙子作基质时需经常浇水,所以发根部温度相比空气温度较高,易于插条成活。但是,这两种基质本身的颗粒都极易粉碎,致使基质通气不良,所以使用寿命较短且不能连续、重复使用。而且粉碎后的基质倒入土中会破坏土壤的结构,在规模化育苗时,大量的碎末废料很难处理,造成环境的污染。最好的扦插基质可用稻壳炭或杏核、核桃壳炭,这种扦插基质集中了上述两种基质的优点。其颗粒较大,而且不易破碎,可以保证基质有良好的通气度,同时颗粒本身具有许多细孔,有利于持水,不像沙子那样容易干燥。由于二者都是黑色的,有利于保持插穗下部的温度,上部温度低,下部温度高促使插穗下部先生根,以避免顶端先发芽,消耗插穗的营养而导致的生根不良,甚至出现只长芽不长根的现象,从而有利于提高扦插成活率。另外,它不仅颗粒不易破碎还可重复使用,活性炭为有机物,使用过后可烧成草木炭,作为肥料施用。

(4)**插穗处理**(图 5 - 1) 保持枝条本身的活性是插穗采收后的首要任务,主要是防止水分的损失。尤其在天气干热的夏季,枝条失水很快,插穗失水后会导致叶片萎蔫,枝条皮部会出现皱皮,失水后即使扦插时再用水泡使它复原,在扦插基质、技术和管理都极优良的情况之下,也会严重的影响扦插的成活率。采完的插穗不宜完全泡在水中,浸水会使插穗因空气不足而窒息,尤其在夏季,时间稍长就会使枝条发黏腐烂,即使用清水洗净使枝条看上去好像还活着,但其实枝条的活力已受到伤害,失去了生命活性,严重降低扦插的存活率。所以采后的插穗最好放在湿润的阴凉处,上面用湿布或湿纸盖上,并立即剪截和扦插。扦插前对采收的枝条进行修剪。将枝条上端的花蕾剪去,选取枝条的中、下部,插穗的长度在 5～15 厘米,一般保留 2～4 个腋芽。剪截时在枝条的下端,对着芽剪成马蹄形切口,使芽与剪口相对,并把叶柄用手掰去。因为芽中内源激素的含量相对较高,会刺激愈伤组织的形成。插穗的上部(顶部),在芽子的上面 0.5 厘米处平剪,不宜过长也不宜过短,冬季扦插时,插穗上可以不留叶片,夏秋季扦插时,只留插穗顶部 1～2 片复叶,把其余叶片全部剪掉。如复叶太大,可再各剪去半片。以防插条内水分和养分的流失,枝条会通过叶片的蒸腾作用,促进枝条吸水,进行光合作用,维持枝条的生命活动,有利于扦插成活,如果经扦插一段时间后,叶片没有脱落,而是抽干在插穗上,这就表明此插穗已经死亡。如果插穗无异常情况,顶部叶片正常,而叶柄形成离层自然脱落,说明插穗剪口已愈合,若没有特殊情况发生,即可判断为插穗已经成活。插穗剪好后,每50~100根捆成一捆,将底部剪齐,然后放在2~3厘米深的50~100毫克/升IBA、NAA或者IAA溶液中浸泡20~30分后,这样可以显著提高插穗的生根率、生根数和根长,浸泡后就可将插穗扦插在深度2~3厘米的基质中。

—— 蘸取生根粉

图5-1 插穗处理的方法

(5)**扦插方法**(图5-2) 尽可能做到剪枝、处理、扦插基本上同时进行。扦插时不能伤及插穗的皮部,一般先用比花茎直径略粗的小木棒,在插床上插出一个小洞,再将插穗放入洞内。扦插深度根据不同的季节应略做调整,春季、秋冬季扦插时为插穗长度的2/3,夏季嫩枝扦插时为插穗长度的1/3。株行距为5厘米×5厘米,插后用手将基质轻轻压实。扦插时要注意保持插穗的极性,特别是不带叶的,不能倒插,否则影响成活率。如果带叶扦插,最好使叶片朝一个方向(明亮的方向)。全部插完后,将基质浇透,使插穗与基质紧密结合。

图5-2 扦插方法

(6)**扦插设施** 春季和冬季扦插,需要在小拱棚、塑料大棚、日光温室或现代温室等设施内进行,便于保持土壤水分、空气的温度和湿度。夏季则需要遮阳网,降低温度并防止阳光直射,如果采用全光照喷雾扦插,则需要专业的喷雾设备。现代化温室扦插时,可在其内进行全光照喷雾扦插,能明显地提高扦插苗的成活率和繁殖系数。喷雾多采用自动控制仪,其由继电器、电磁阀和干湿度感应板(称为电子叶片)组成。其工作原理是,当电子叶片较干时,它控制继电器接通电磁阀,使水喷出并产生水雾。当空气相对湿度足够时,电子叶片反映给继电器,使电路切断,喷雾就自行停止。

(7)**插后管理** 扦插后要根据所使用的基质、环境和季节进行合理的管理。

1)生长季露地扦插 使用生长较旺盛的新梢扦插的优点是生长快,材料来源多,而且正是开花季节,品种不易混杂,扦插的当年就可以上盆。但是,生长季天气炎热,空气中细菌含量高,扦插后如果管理不当,插穗极易发生烂条,使扦插失败。所以这段时间应把插床设在半阴处或是在插床上加盖遮阴网(遮阴率50%);其次在插条后,要保证每天喷水2次,早上、下午各1次,以保证基质里的水分不变质和温度不会过分升高,尤其在大雨之后,应立即补喷清水;7~10天后,改为每天下午喷水1次,一般2~3周,插穗即可生根成活。

管理要点:不使太阳光直接照在插穗上,并切忌插完条后用薄膜覆盖,这样只会增加烂条,降低成活率,而应该尽量使插床保持良好通风,有利于插条的成活。

2)生长季大棚扦插 大棚内扦插,首先要保证大棚内可以充分通风,并在棚上加盖50%遮阳网。而插床内的基质最好选用颗粒较大、持水力较差的河沙或加大珍珠岩的比例,这样有利于插条周围水分的流通和交换,增加基质内的空气含量,减少烂条的发生,增大扦插的成活率。由于周围环境湿度易于保持,所以可适当减少喷水次数。扦插的天数与露地时间无明显差异。

管理要点:棚内扦插切忌把遮阳网盖在插床上,否则无法起到对插床降温的作用。

3)休眠期阳畦扦插 采用阳畦扦插是月季扦插繁殖应用最广的方法。但此时如扦插方法或时间不当,易造成插穗早发芽和抽条,消耗了大量养分而不能生根,出现扦插前期插穗生长旺盛、成活状况良好的假象,但实际插穗无法正常生根或生根较少。采用这种方法,在扦插后,应把底水浇透,以防经常浇水降低地温。浇完后,应在畦面上盖上一层塑料膜,上面再覆盖上草苫或蒲席,达到保湿、保温的目的。冬季扦插后每天上午天气温暖时卷起草苫,把薄膜两头打开放风,下午气温下降后盖上。在基质表面干燥时,可少量喷水,而不宜大量施水或每天喷水,只达到补充表层水分,保持插条地上部湿润,而又不降低基质温度的目的。当早春室外气温达到10℃以上时,插条基本上已大量生根,应打开草苫增加日照。待多数插条萌芽之后,逐步加大通气口和延长通气时间,并逐渐去除薄膜覆盖,促使插条上的新芽生长健壮,如果薄膜盖得时间过长,会造成新梢长得细弱,不充实。这种苗上盆或定植后管理较难,会增加死亡率或形成大缓苗。

4）休眠期大棚内扦插　如果是冷棚,可采用畦插,各种基质均可使用,扦插与管理方法与阳畦扦插基本相似。如果是现代温室或阳光温室,则与夏季大棚管理相近,但因为冬季阳光较弱,不必加盖遮阳网,同时,由于冬季大棚相对封闭,棚内空气相对湿度较大,应减少喷水次数,每2～3天喷水1次即可。同时浇水量也应相对减少。在不急需苗木的情况下,一般不宜采用冬季温室中扦插。首先冬季温室扦插会增大成本,因为此时扦插成活后的苗必须立即上盆种植,这会大量占用温室存苗。其次对苗木的早期生长不利,尤其在北方地区,春天风大干燥,在温室长成的苗,枝叶幼嫩,移到室外种植时,很容易受到大风的伤害,造成缓苗期长。

5）温度管理　月季生根的最佳温度为20～25℃。温度过低和过高,均不利于生根。温度过高会使插穗过早地抽芽形成嫩枝,过多地消耗枝条的养分,对正常生根造成了影响,重则整个扦插苗死亡。因此,为了促进生根,当温度过高时,应覆盖遮阳网,还可采用喷水、浇水降温和通风降温,喷水和浇水降温时应注意不要造成基质内的积水,导致插条腐坏。温度一般应控制在22～26℃,尽量使空气温度和地温相当。

6）水分管理　扦插前期,供水不宜太多,否则会引起插穗腐烂。插穗开始生根抽梢时,耗水量逐渐增大。浇水量应依土壤湿度和空气相对湿度确定,做到土壤干湿适度。扦插后最佳的水分条件是基质内的持水量保持在80%左右,同时要求基质通气、排水良好;空气相对湿度为80%～90%。空气相对湿度过大,可控制浇水量和加强通风;空气相对湿度过小,可增加浇水量和喷水次数。天气寒冷时可以在插后将基质浇透,尽量减少基质内的灌溉次数,防止浇水次数过多,基质内温度低于空气温度,导致生根不良。

7）除草管理　尽量在不触碰扦插苗的情况下及时拔除插床内的杂草,避免杂草争抢扦插苗的营养,减少杂草对其的影响。

8）小苗移栽　在环境温度为20～25℃的条件下,插穗经过1个月左右即可生根成活。外观上,如果插穗上的叶片干枯或插穗发黑,说明没有成活;如果插穗上叶片新鲜,或叶片叶柄形成离层而脱落,表明已经成活。这时,可以每天早、晚打开塑料薄膜给小苗通风,逐渐延长其通风和光照时间,使小苗基本适应外部环境条件。这样,经过7～10天,即可把小苗移栽到大棚或花盆中。移栽所用的土应是没有添加化肥的沙质壤土,否则容易造成小苗烂根。在移苗前1天浇1次透水。注意整个移栽过程不能受阳光直射。扦插苗的优点是寿命长,不存在砧木老化和摘除砧木萌芽的工作,管理方便,后期长势旺盛。

3.种苗的扦插繁殖

嫁接是月季繁殖的重要方法之一,尤其对一些扦插不易生根的品种,嫁接繁殖几乎是唯一可行的繁殖方法。嫁接繁殖具有根系发达、生长快、成株早、产量高的特点,尤其适合切花月季的生产。在切花月季周年生产的地方,为了得到强大的根系以保证全年切花营养的供应,使用嫁接苗进行生产是十分必要的。嫁接苗的优点是发育快,如果管理得当,一般比扦插苗生长快3倍以上,当年就可以发育成粗壮的大株,开出标准的花朵。但是,嫁接苗长得快,老化得也快,所以嫁接苗的缺点是寿命较短,5年以上植株即开始衰老,而且经常萌发砧芽。

月季嫁接苗可利用扦插出的苗株作为砧木再进行嫁接,目前国内大多生产商出售的都是先扦插出砧木,再去嫁接形成新的植株。还可以把品种嫁接到砧木上,再带接芽扦插砧木,成活后即得需要的苗木。另一种情况是利用种子播种获得实生砧木,再进行嫁接,一般进口的月季嫁接苗,多属于这种用种子播出实生苗再嫁接的种苗。其特点是继承了原种砧木的习性和特点,同时这种嫁接苗在一定程度上也取决于砧木的品种习性,如生长周期长、抗病虫害能力强等。

根据嫁接方法又有枝接和芽接之分。枝接主要在1~2月休眠期采用切接法嫁接,然后假植,4月定植于大田,加强肥水管理和病虫害防治,秋季成苗出圃,苗子主枝3个以上,粗度1厘米以上。现在,月季切花生产上多采用芽接苗,尤其以休眠期芽苗为佳。芽接苗抗逆性强,成活率高,切花产量高,品质好,且产花寿命长。芽接苗根据嫁接时间、接后生长期和成苗后的规格不同分为大苗、休眠苗和绿枝苗等。芽接大苗,一般是二年生,即5~6月嫁接,芽接后加强肥水管理,生长期不少于6个月,10月或翌年10月起苗出圃时,长出了2个以上健壮的分枝,且粗度不低于1厘米,根系长度20厘米以上,无病虫害休眠苗,一般在砧木播种的当年8~10月进行嫁接,11~12月起苗用于春天定植,此类苗定植后长势强劲。绿枝苗,露地于4~10月生产,一般采用盆栽或袋栽,其上嫁接成活后,磕去盆或袋以后定植,由于根系不受损伤,成活率较高。

嫁接繁育月季苗的技术操作过程如下。

(1)**砧木准备** 作为嫁接月季砧木的选择,要求砧木必须具有以下几个条件:

第一,根系强大,且对当地的环境条件具有广泛的适应性。

第二,没有当地月季生产中重要的病虫危害,具有较强的抗病虫害的能力。

第三,与所生产的月季品种有较强的亲和力。

第四,繁殖简便,易于得到大量的砧木苗,适合大规模集约化生产的需要。

第五,操作简便,针刺较少或无针刺。

嫁接所用砧木有野蔷薇、粉团蔷薇或无刺狗蔷薇,其中以无刺狗蔷薇为最理想。因为其抗病力强,耐寒性好,且无刺,不扎手。无刺狗蔷薇因其具有无刺和根系旺盛的特性,且芽接操作速度快,故成苗率高。常规方法是,采取蔷薇的徒长枝,依扦插月季的方法扦插育苗,生根移栽后作为砧木使用。砧木根系的强弱和嫁接后期亲和力的高低是决定月季切花苗栽培后的量、切花质量和生长寿命的重要因素,因而也是决定切花月季育苗质量的最重要的条件。

然而,采取蔷薇的种子播种获得实生苗作砧木,再进行嫁接,由于砧木根系强大,植株的生长势强。因此,实生苗是用作砧木最好的材料。在各种月季砧木中,白花无刺是播种繁殖的优选品种之一。其花单瓣,子房发育正常,所结果实籽粒饱满,发芽率高;且直根发达,很适于作砧木使用。

1)种子处理　播种用的种子,在播种前要进行低温处理,具体方法有两种:一是把种子在水中浸泡 12 小时,待充分吸水后捞出,在湿润通气条件下,放在 0～3℃冷库中存放 50～60 天;二是把种子按常规进行沙藏处理,方法是用最大持水量 25%～30% 的湿沙与种子混合,或一层沙一层种子放好,然后放进冷库存放。在北方可以把沙藏的种子装在瓦盆内,然后埋在背阴处,深度应在冻土层以下,在播种前将种子取出,在 20～25℃条件下 5～7 天,种子即开始发芽,在种子胚根刚露出时,即为最佳播种期。

2)播种技术　播种时采用平畦播种,畦面一般为 1 米×5 米。畦面整平后,要充分灌透水,然后把种子撒播在畦面,种距 2～3 厘米。如播种地的土壤过黏,可在播种前用细筛子筛出沙壤土来作为覆盖土。播种后,覆土厚度在 0.2～0.3 厘米。如果播种期天气过于干旱,可在播种畦上盖一层苇箔,上面再加一层薄膜,既可以防止过度的水分蒸发,又可避免温度过高对种子或幼苗带来的危害。在气温 25℃条件下,一般 5～7 天子叶就能出土,此时应除去播种畦上的覆盖物,防止对弱小的幼苗带来伤害。待幼苗长出 3～5 片真叶时进行分苗,分苗时最好进行垄栽,每垄种双行,株行距为 10 厘米,这样根系发育好,而且容易起苗,也可在田间直接嫁接,待新芽长成后一次出圃,减少一道工序。

(2)嫁接时期　嫁接繁殖在生长季节进行,通常为 3 月中旬或在立秋前后,8 月下旬至 10 月最适合进行休眠芽苗的生产。此时砧木的树皮容易剥离,操作方便,成活率高。

(3)嫁接方法　月季嫁接,一般以其嫁接的方式、砧木的种类及育苗方式和嫁接苗用途的不同而不同。包括对砧木的要求也会有一些差别,主要是根据种苗的用途不同而有所变化。对于一般盆栽月季用的砧木,一般采用三芽插穗,嫁接生产种苗的目的主要是为一些扦插不易成活的品种,或是种源量较少的品种而采用的方法。这种嫁接苗定植后,不怕接穗生出自生根,因此,它的插穗一般在 7～10 厘米长就足够了。而对于用于生产切花的苗木,它的目的主要在于使嫁接苗具有强大的根系,才能维持不断剪花所需的营养供应,一旦接穗生出自生根后,就会影响砧木根系的正常生长,同时自生根生长也会削弱地上部的切花生长量和抗逆性,因而,种植时不可使接口着地,以避免自生根的生长,这就需插穗相对延长,一般要达到 15 厘米以上。对直播的砧木苗,一般多采用休眠期嫁接,嫁接部位一般在根颈部,所以,管理上要去除基部的枝条和萌蘖,使嫁接部位表皮光滑,有利于嫁接时操作方便。月季常用的嫁接方法可分为 3 种:

1)方块芽接(又称大开门芽嫁)(图 5-3)　嫁接时砧木选择在光滑无刺处,切一个长、宽各1厘米的"工"字形切口,并用芽接刀尖轻轻将砧木皮层向两边挑开;然后在接穗上取一同样大的芽饱满的芽片,使芽处于所切的芽片正中,芽片可以比砧木切口略小,但不可比切口大,否则会导致芽片和切口不贴合,嫁接成活率降低。芽片取好后,把它放入砧木切口。如果芽片略小,应使芽片的下部与砧木的下切口接合,即下部对齐,上边稍露一条缝隙,对嫁接成活不会造成不良影响。如果芽片和砧木切口大小相同,则芽片要与砧木四边相吻合。芽片放好后,用嫁接专用封条封好接口,或用塑料薄膜条(宽1厘米左右)由下向上层压一层缚好。特别注意上口要捆紧,以防进水造成伤口或芽片腐烂而导致的死亡。采用这种方法芽接,愈合快,发芽早,而且苗木接口处不形成瘤状愈伤组织膨大物,接穗长成植株后不易从接口处劈开,苗木质量较好。但这种方法嫁接速度相对较低,因而苗木用工成本增高。目前我国较好的切花用月季育苗生产基地大多采用此种方法。

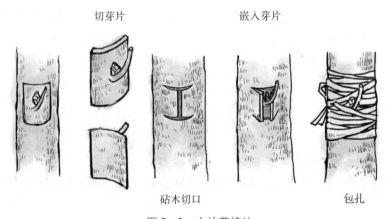

图5-3 方块芽接法

2)"T"字形芽接(图5-4) "T"字形芽接法是目前最常用的嫁接方法,中国称"丁"字形芽接。其优点是操作方便,工作效率高,成活率也较好,而且容易掌握,但此方法的缺点是嫁接后接口部易形成瘤状愈伤组织,受力时接穗易掰落,成活后发芽相较于方块芽接发法较慢,所以成苗也较晚。进行"T"字形芽接时,先在砧木上选一个光滑的地方切一个"T"字形切口,横切口长0.5~0.8厘米,竖切口0.8~1.0厘米,并用刀尖把切口皮层轻轻撬开。然后取接穗,选饱满芽,由下向上切一刀,再在芽上横切刀,使接穗成一宽0.5~0.8厘米,长0.8~2.0厘米的盾形芽片(芽片的大小以砧木的粗细和接穗的粗细而酌情处理)。切后的芽片,应使芽在芽片正中,然后把芽片放入切口。用与"方块芽接"同样的方法把接口捆好。如果嫁接时期不对,接穗不能离皮,而砧木离皮。也可以用带木质部芽片进行芽接,结果基本上与不带木质部的一样。芽片砧木切口芽片接口捆绑完成。

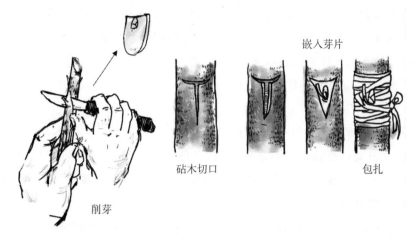

嵌入芽片

砧木切口   包扎

削芽

图5-4 "T"字形芽接法

3）带木质部嵌芽接（图5-5） 主要用于蔷薇实生砧根颈处的休眠期芽接，但也可用于扦插砧木与接穗不离皮时的嫁接。带木质部嵌芽接时，先取接穗在芽上方0.3～0.5厘米处向下切刀，斜向深入0.1厘米左右，然后从芽下0.3～0.5厘米处向下稍斜将芽片切下，其芽片宽0.5～0.8厘米，长1.2～1.5厘米，芽在芽片正中。然后，在砧木上由上向下斜切一刀，其长宽及斜度应与芽片基本相同或略大于芽片。把削口部分切去1/3～1/2，把切好的芽片放入砧木的切口，如芽片与砧木切口能完全重合最好，如无法完全重合，就使一边重合，让形成层相接，否则不易成活。带木质部嵌芽接的包扎方法与前两种一致。

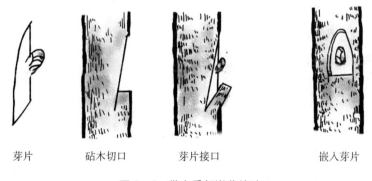

芽片   砧木切口   芽片接口   嵌入芽片

图5-5 带木质部嵌芽接法

采用方块嫁接的苗，由于接合面大，新形成的输导组织畅通良好，接后发芽的时间最快，开花最早，所以在生长季采用方块芽接是较理想的育苗技术。在嫁接过程中，对接穗不同部位的芽对嫁接的影响进行观察，发现采用饱满芽和弱芽作接穗时，对其嫁接苗的发芽和早期生长势有明显的影响，但是，一旦成活，它们对种苗的最后生长势并无明显影响。在使用同一接穗枝条不同部位上的芽进行嫁接时，枝条上端的弱芽，其成熟度最差，但嫁接后发芽最快,基部已进入半休眠状态的弱芽发芽最慢,中间饱满芽居中。但是,这些只对嫁接初期生长起作用,影响嫁接苗后期生长的因素,主要是砧木的种类,砧木的生长势和嫁接苗的立地条件和肥力水平。所以,在月季育苗中,对嫁接芽的饱满程度不必做过于严格的要求,尤其对一些新引进或新育成的品种,应该充分利用每一个芽,迅速扩大种群。

4)成活因素　嫁接成活与否取决于三大影响因子。一是所选砧木与接穗必须有高度的亲和力,尤其要注意后期的不亲和现象;二是嫁接的环境条件,即温度、湿气、空气、光照等自然条件;三是嫁接技术的熟练程度与操作规程的遵守程度。这三大影响因子又相互影响,调控着嫁接效果。

亲和力。在育苗生产中,无亲和力的砧木与接穗一般不用作繁殖材料的,但后期不亲和的现象在生产中时有发生。例如:用白玉棠作月季砧木,虽然并不影响嫁接的成活,但在嫁接苗后期生长中,接口处往往形成愈伤组织的瘤状物,嫁接生长势弱,常会使接口处断开,地上部易生长自生根等现象。所以,在选用新的砧木时,首先要试验其嫁接成活率,还要做栽培试验,经过一个生长周期的检验后才能确定砧木对月季切花的产量、质量的影响。

外界因素的影响。温度、湿度、空气和光照是影响嫁接成活率的最重要的环境因子,而且构成了所有影响成活等诸因素中最重要的因素。上述各因素中,最主要的是温度和湿度。适宜的温度是植物生长的必要因素,月季生长温度在 10 ~ 25℃,最好在 22 ~ 25℃。月季生长的最适温度也是嫁接愈合的最佳温度。即便在温度并非完全适宜时,嫁接苗依旧可以成活,但是愈合时间延长。水是植物生长的关键因素,同样也是嫁接能否成活的最具决定性的因素。因此保持砧木生长中合适的水分,可有效地保持砧木的生命力,使砧木具备了产生愈伤组织的能力。与砧木不同的是,接穗在切取时已离开了母体根系,不再有大量的水分供应,因此,保持芽片从嫁接到愈合这一段时间内不易大量丧失水分,就成了嫁接成活等影响因素中最主要的因素。保持接穗内的水分,一是选择最适合的温度,使之在最短的时间内愈合;二是改变嫁接后的包扎方式,用专用的嫁接胶带或塑料布条把整个接口完全包严,使其水分不易丧失。包裹严实的接口可以避免下雨或喷水时水从接口进入,造成接芽因缺氧而死亡。在休眠期嫁接,虽然温度较低,但因愈合窖内湿度合适,允许有相对较长的愈合时间,所以同样可以获得较高的成活率。光照对月季芽接苗的成活率的影响与温度、湿度比较,不是很明显,但从实践中可以看到,采用透明薄膜包装的接口在早期愈合期间,其愈合速度比用不透明黑色薄膜要慢。一般用黑色膜包扎好,在日气温 25℃时,5 ~ 7 天后即已开始形成愈合组织;而在同样条件下,透明膜需要 7 ~ 10 天才能达到同样的愈合程度,这也符合愈合组织在黑暗条件下生长更快更好的规律。但是,在实践中只要认真解决好嫁接后的温、湿条件的管理,对嫁接的成活率没有明显的影响。

5）嫁接后管理　嫁接后需要检查成活、补接、剪砧及肥水管理等。芽接后10天左右，用手触动接芽上的叶柄，若很容易脱落，并可见"T"字形切口内接芽皮色正常，说明已接活。相反，则说明没有接活。没有接活的，若时间来得及可以在砧木上另一面再接一次。嫁接成活后要及时抹除砧木上的萌生芽，当接芽长到15厘米以上时，剪除接芽以上的砧条。接芽萌发后，最好追肥一次，一般用磷酸二铵，每亩地苗圃用肥量20～25千克，接穗长到10～15厘米以后，视苗的生长势可补充根外追肥，常用总浓度0.3%～0.5%磷酸二氢钾加1∶1尿素。在生长过程中要不断清除根蘖，除根蘖时要从基部去除，不要留茬，否则还会不断长出，形成一大丛根蘖此时再清除就会形成一个大伤口，极大地影响种苗质量。在整个生长季应注意防治红蜘蛛、蚜虫、月季叶蜂、蔷薇茎蜂及白粉病、黑斑病等病虫危害，以保证种苗健壮。3～5个月后，就可以起苗定植了。

6）周年供应冷冻苗　冷冻苗应选择生长健壮的优质苗。储存期可达4～6个月。对于秋后自然休眠的种苗，起苗后可直接放入低温库储存，储存温度为0～3℃，空气相对湿度95%。对于生长季需要储存的苗木，必须选择花后5～7天（枝条）充分成熟的苗，先进行人工或化学方法脱叶，然后剪去上部不成熟的部分和芽已萌动的部分。进入低温库后，要先放在5～10℃的条件下预冷7～10天，然后再降到0～3℃存放，湿度与秋储相同。长期储存的苗木，由于没有叶片和花，所以存放过程中和存放后，很难迅速分辨品种。为防止混乱，进库存放的苗，必须每10～20株一捆，每捆内、外要各放一个标签，并用油质笔写明品种名称、级别、入库日期，并标明包装人员姓名或代号。标牌和绑绳都要选用不易损坏的材料，如木质或硬塑，以免标牌失落，造成品种混乱。

（二）月季良种快繁与脱毒育苗技术

随着人类社会的进步、科技的发展以及人们对美的不断追求，以常规的方法来繁殖月季已明显无法满足市场的需求。因此，组织培养（简称组培）繁殖开始进行广泛的研究。用组织培养繁殖月季与常规的繁殖方法有很大的区别，其特点如下：①繁殖速度快。利用组织培养的方法繁殖月季，可以在短时间内获得大批量、规格一致的优良苗木，能加快优良品种繁殖的速度，并且可进行周年生产。②能生产出脱毒苗或减少带病数量的优质苗。利用茎尖培养或用高温脱毒后的新梢等不带病毒的部分进行组织培养繁殖，能获得无病毒苗或低病毒苗，从而可解决复壮和更新换代的问题，使月季苗的生产水平向高层次发展。③育种的应用。可以直接用组织培养的分化苗或生根苗（瓶苗）进行原子能辐射育种，用不同的辐射剂量处理后，从中选出优秀的变异品种。还可以使用不同激素及不同剂量的配比，诱导其产生变异以获得新品种。对于那些种胚发育不完善的杂交种子，也可采用胚培养的方法，把没有自然发芽能力的胚育成苗。但组织培养还有一定的难度,很难被农家或普通月季生产者广泛采用,从选择外植体材料开始,到使其形成一棵完整植株,中间的环节较为繁杂且缺一不可。月季的组织培养流程如图5-6。

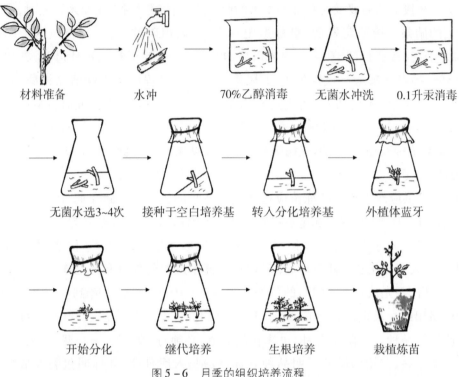

图5-6 月季的组织培养流程

1.外植体的选择

正确地选择合适的外植体是组培快繁中至关重要的第一步。外植体选择的时间和选择的部位都是影响组织培养成功与否的关键因素。由于植物细胞具有全能性,因此植物体的各个器官组织在适宜的条件下均可作为外植体来进行培养。不同的外植体来源、部位及灭菌方式,导致其自身分化以及对外界诱导的反应能力差异较大。月季组培快繁时,大多数组培工作者采用带芽茎段或茎尖作为月季组培的外植体,也有采用叶片、花瓣、未成熟胚以及根等器官作为外植体进行月季植株再生研究。

(1)选择外植体的最佳时期 月季是日中性植物,开花受自身发育状态的控制,在适宜的环境条件下可周年生产、四季常开。所以一年四季任何时候都可以用来作外植体。尽管如此,月季的生长有其最佳时期,也就是它的生长旺期。如在北方地区自然条件下,春季和秋季是月季生长的最佳时期。这时期植株生长速度快、生长旺盛、抗性强、性状明显。春、秋两季各有其优越性。春季是植物开始生长的季节,是植物体内内源激素最旺盛的时期,所以枝条的生命力也最为旺盛,如果采后处理及消毒方法得当,会得到事半功倍的效果。秋季也是选择外植体的黄金时期,此时温度、空气相对湿度、光照都是月季生长的最适时期。无论从月季的枝条、叶片、花色、花型等也都是最完美的表现时期,此时月季也是生长最健壮时期,枝条比春季更具抗药性,成功的概率相对更大些。如果后续的诱导、继代等工作能较好地完成,翌年春天就可以得到批量的试管苗成苗。而高温炎热多雨的夏季和寒冷的冬季则不适合取作外植体,特别是雨季,气温高、空气相对湿度大,各种菌含量也大,会给外植体消毒和外植体的启动增加难度,造成不必要的损失。

(2)**外植体选择的最佳部位** 选取生长健壮的当年生枝条,在新生枝条中(当年生第一批枝)又以花后5～7天的枝条为最好。①取其饱满的未萌动的芽作为外植体,茎部中段的芽较好处理,腋芽萌发早、长势好、增殖系数高,接种后启动较快,长势较好。繁殖材料有限时,也可以选用顶芽作为外植体,但培养效果不如侧芽。研究显示,以茎段第二结尾的腋芽为外植体对幼苗的增殖最为有利。②可选嫩芽,即5～10厘米的嫩条或花枝上部的侧芽。嫩芽具有极强的顶端优势,内源激素含量高,虽外表看似幼嫩,但有极强的生命力。然而它在外植体处理的过程中需要较高的技术,对启动的培养基成分要求也很高。如果可以成功,就能迅速进入生长增殖阶段,是从外植体到增殖快繁这个过程中耗时最短的途径之一。

温馨提示

①利用间接器官发生途径进行月季组培快繁研究时,以小叶为外植体较其他器官更适合愈伤组织的诱导。②不要选择徒长枝或枝条基部休眠状态的芽。此类枝条生长旺盛,然而芽却不饱满,在诱导过程中,不仅发芽慢,而且极易形成大量的愈伤组织,从这样的枝条上诱导分化也较困难。③在选择外植体时,还应注意选择无病毒、无病虫害、无伤口的优良品种单株上取芽,以减少外植体污染的可能性,从而保证生产出健壮的成品苗。

2. 外植体的消毒及处理方法

月季的外植体消毒相对来说较为简单,从外植体的外观上看,既无茸毛,也无叶鞘,更无鳞片,枝条也较光滑,枝条的外表皮的角质化程度较高,在消毒灭菌过程中的抗性较强,这对外植体的处理和消毒创造了良好的条件。月季的外植体灭菌方式有很多,灭菌所使用的药品也不尽相同,但灭菌的目的均是要得到无菌、能够正常萌发的外植体,因此应根据月季外植体部位和来源的不同决定外植体的灭菌方式和灭菌时间。

(1)**外植体的处理** 将取回的材料用手术刀片切去叶片及叶柄,切成1～2厘米的带节茎段,将清理好的材料在自来水下冲洗干净,但在做外植体前,应减少材料在水中的浸泡时间。如果材料在水中浸泡的时间太长,植物细胞吸满了水,处于肿胀(饱和)状态,部分菌类可趁机侵入导管,增加了消毒的难度。另外,长期浸泡使植物的细胞壁相对变薄,它在酒精、升汞等强消毒剂的作用下,植物很容易受伤,会出现以下两种情况:一是如果消毒时间稍长,就会把植物体连同植物体上的病菌全部杀死;二是消毒时间即使不长,由于长期浸泡也会使细胞抗性减弱,药物会杀伤或杀死部分植物的表皮细胞。而有些细菌、真菌(相对抗性较强)却没被杀死,它们就会附在植物受伤的部位,一旦条件合适,菌落就会迅速蔓延,使外植体试验失败。

在外植体的处理方面,可以根据具体的情况,采取不同的处理方式。①随取随做:首先,把要做的材料(母株)引进自己的栽培地,包括从国外或异地新引进的品种。当植物生长转入正常情况下即可采外植体处理。这些外植体可以不做任何采后处理,直接进行灭菌消毒。这样对外植体本身几乎没有伤害,减少了许多中间环节。只要消毒时间、浓度合适,成功率很高,是一种较好的方法。②冷藏处理:如果材料是从国外或异地带来的,就要对材料先进行处理,看看是否新鲜,运送过程中有无霉变,是否受热或受冻。如果已有霉变,最好用清水冲洗一下后放在0.2%高锰酸钾溶液中浸泡数分后,稍做冲洗后,用洁净的面巾纸或餐巾纸包好,放入4℃左右的冰箱中处理12~24小时,再做消毒。尽管成功率不是很高,在材料极珍贵的情况下此法是可以一试的。若是在异地采集的植物材料,在1~2天后即可进行消毒处理,在有冷藏的条件下,把材料用吸水纸包好,套上塑料袋放入2~6℃条件下即可。如有条件,可用冰筒携带。冷藏处理法既可以减少材料本身的消耗,又可以保持其新鲜程度,还可以减少病原体对材料的侵染及繁殖。

(2)**外植体的消毒方法** 外植体的消毒是为了最终得到无菌的正常的活体材料,消毒的方法很多,使用的药品也各有不同。可根据自己的材料(包括木本、草本、根、茎、叶等)选择不同的消毒方法和药品。最简单的可分三步来进行操作:紫外线消毒-剪裁材料-药物处理。第一步,把要处理的材料放在紫外线下照射10~20分。第二步,把材料以1个或2个芽茎段为一长度剪好,掰掉叶柄及上面的刺(以减少污染源),也可以用手术刀把枝条上的饱满芽切掉(芽片)。第三步,用70%乙醇、0.1%升汞交替使用,处理2次,时间分别为12分,2~5分,可根据植物材料的老嫩程度决定消毒时间的长短。然后用灭菌水冲洗3~5次后,放入培养基中即可。如果是冬季或雨季采取的材料,因相对带菌量较高可以适当延长消毒时间,反之,嫩枝、嫩芽可减少消毒时间和消毒次数。在整个灭菌和清洗过程中,应不停地摇动瓶子,使其充分与消毒液接触,否则会影响消毒和灭菌效果,灭菌后的外植体取出后用无菌滤纸吸干水分待用。

3. 外植体的启动

在月季组织培养过程中,外植体的启动是一个非常重要的环节。它的成功与否取决于三个因素:①外植体启动时培养基的筛选。②被启动芽的生长状况。③启动时间的长短。外植体的正常启动,从某种意义上说,它决定了在新品种推广过程中能否在最短的时间内,以最快的速度占领市场;也决定了在整体的生产计划中能否在预定的时间内完成对新老品种的更新换代,以取得最佳的经济效益和社会效益。

(1)**启动过程中培养基的选择** 培养基的选择直接影响月季腋芽以及愈伤组织的诱导和分化。如果调节不好,不仅会影响到启动时间的长短,甚至会导致已萌动后的外植体死亡。糖(碳源),大量、微量元素(营养源)及激素配比(生长素与细胞分裂素的比例)是培养基中的三个重要的组成部分。这三部分在使用中浓度过高,会导致苗芽矮小,形成愈伤组织或出现玻璃苗;相反,过低会使苗芽很快徒长,有的1周可长至2~5厘米,但芽体没有后劲,芽心很快被抽空,变黄而死亡。月季组培快繁中,使用较为广泛的基础培养基为1/2MS培养基和MS培养基。生长素促进细胞伸长和细胞分裂,细胞分裂素诱导芽的分化、促进侧芽萌发生长,适宜浓度的细胞分裂素和生长素配合,可共同促进月季外植体的萌发与生长。目前在月季植株再生中,较为常见的生长素有NAA、IAA、2,4-D以及IBA等,较为常见的细胞分裂素有TDZ、6-BA、BA、ZT等。在月季组培快繁的过程中,不同种类的外源激素、激素组合和浓度对于每个阶段都起着至关重要的作用。不同培养阶段,其所需的基础培养基与外源激素的种类、组合和浓度不同。

(2)**被启动芽的生长状况** 要根据这个时期苗芽的生长状态来判断芽苗是否正常,判断出需要调节的部分。

(3)**启动时间的长短** 植物材料离体后,靠其自身的养分难以维持过长的时间,所以对月季植物启动的时间是越快越好。时间越长,其自身的活力越差,对培养基的反应也越迟钝。如果1~2个月内还找不到合适的培养基,芽也就失去了活性,即使芽没有死,经过努力能够正常生长,这个过程要经过3~6个月,甚至还会更长,这在组培快繁中就已经失去了它的意义。在外植体启动过程中,首先选培养基浓度要适中,使植物体能保持正常状态,然后根据长势再决定增加培养基中各项物质的浓度。特别是前期,不要急于让其过多地分化,待生长较正常,有一定抗性时再做大调整。而影响启动时间的另一个因素,也是不能被忽视的,即不可以选择已进入休眠状态的芽。虽说月季是周年生长植物,但在常规条件下也会休眠,休眠芽的处理相对较为麻烦和复杂,要适当增加赤霉素来打破休眠,这无形中又给启动增加了难度,所以要特别注意。常见的月季组织培养如图5-7,图5-8。

图 5-7　月季的组织培养(一)

图 5-8　月季的组织培养(二)

4.继代培养技术

萌生芽会不断长大,并可从茎段上分化出 3～4 个不定芽,这时可通过侧芽增殖和不定芽再生的方式进行继代增殖,切割出不定芽或将幼芽分切成每段含 1～2 个节的茎段,转入增殖培养中,每隔 4 周继代 1 次。在月季组培的整个环节中,经过外植体灭菌技术而得到无菌体,经过一次次培养基筛选使其启动得到正常的分化苗,按最佳配方不断扩繁,就能在较短的时间内得到大量正常的组培苗,此后,只要把继代苗生根、移栽、驯化,就完成了全部过程。但是,继代这个环节却包括了许多重要的过程。特别是季节对它的影响。由于季节变化,会使培养物的生长出现一个波值,培养方法也会随着生长的苗而变化。同时在继代苗的管理上也增加了难度。如夏季高温高湿,苗芽生长较弱,也极易造成污染。另外,不同季节同一个培养中 pH 对苗的生长也会出现不同的效果。同时 pH 的变化又会影响植物对培养基中糖的吸收。而培养基中最重要的成分之一"激素",也会因季节而变化,生长素与分裂素的配比也需要适当调整。除此之外,季节的变化还会影响培养物继代的周期(即继代一次的天数)。由上述可以看出,如果这些环节控制不好,继代就无法顺利进行。

(1)**选择最佳的生产时期**　从理论上讲,在培养室里生产组培苗,对其人工控制温度、光照,就可以保证周年计划出苗,而不受季节影响。但研究表明有近30%的植物会对季节的变化有所反应,即使在恒温的培养室内,在分化率和生根率上也会有不同的表现,这会直接影响到苗木的过渡(驯化)过程的成活率。随着春、夏、秋、冬四季的更迭交替,植物的生命周期(生物钟)也会随着物候期而变化,就必须考虑避开炎热的夏季出苗。可以有效地降低组培的成本,在夏季只是采取保种、降低种苗数量,选好苗、壮苗。可减少环境中空调的使用,节约了电量。从植物最佳生长期和生产角度来说,秋冬、早春生产苗,组培苗生长壮、生根好、移栽(过渡)成活率高,成活的小苗不用蹲苗就可以直接用于生产,减少了中间环节。一般月季生产的最佳时期是在 10 月至翌年 4 月,这期间气候比较冷凉和干燥,培养室温度控制在 15～25℃ 的昼夜温差,这对分化和生根都非常有利。苗芽从长势、颜色和粗壮程度都比夏季有明显的改变,培养周期也可适当延长,不会出现老苗或玻璃状苗,这种苗一旦转入生根培养基,在 10～15 天就可以长出新根,25～30 天就可以出瓶过渡。

最适启动培养基:MS＋2.0 毫克/升 6－BA＋0.15 毫克/升 NAA、MS＋1.5 毫克/升 6－BA＋0.15 毫克/升 NAA。

最适增殖培养基:MS＋1.5 毫克/升 6－BA＋0.15 毫克/升 NAA、MS＋2.0 毫克/升 6－BA＋0.15 毫克/升 NAA。

最适生根培养基:1/2MS＋0.2 毫克/升 NAA、1/2MS＋0.2 毫克/升 NAA。

琼脂:5～6 克/升。

糖:30~35克/升(分化)。

pH:6.0~6.2。

糖:25~30克/升(生根)。

(2)**合理使用糖的浓度和pH**　培养基中加入糖的多少和pH的高低,对培养物的生长也有一定的影响。大批量的繁殖时期,可适当增加糖的浓度,相对降低pH,这对苗的生长和分化都有一定的促进作用(生长周期35~50天分化率可达5~10倍)。而在淡季,可减少糖的比率而加大pH,这会使生长期延长(45~60天),分化率降低,木质化程度相对提高,不会出现玻璃苗现象。所以,在组培过程中,糖和pH的关系成反比。

(3)**合理使用细胞分裂素和生长素的配比**　在月季组培的周年生长中,细胞分裂素和生长素的用量不是一成不变的。在不同的季节,可根据生产要求调节生长的速度。在扩大增殖期,可适当提高激素的含量,减少生长素的量;相反,在生产淡季要降低分裂素的量而提高生长素的量。在这一调整过程中如出现分化率较低或木质化程度较高时,可适当使用GA_3,以激活植物体,提高分化的能力,从而缩短生长周期。

(4)**继代培养的环境**　培养室的温度都在21℃左右时效果最好,诱导萌芽的光照为800~1 200勒,光照时间为10~12小时/天,增殖及壮苗生根的光照强度较诱导培养时稍强,需2 000~3 000勒。

5.月季不同品种组培技术的差异

无论是切花月季,还是栽培月季或丰花月季,在整个生长季节,都会有几个最为适宜的时期。所有的月季品种在早春和晚秋都会呈现出最佳的状态,从叶色、花色、花型、抗病性等方面,都有着突出的表现。但品种间会存在不同的差异,从花色上分:一般以红色系到粉色系,生长较健壮,枝条较粗,抗性也较强;黄色系到白色系则相对较差。这个差别在组培过程中,特别是启动过程中就更明显。红色系品种启动快、出芽率高,后期繁殖系数也大,生根、过渡也较容易;而黄白色系,特别是黄色系,对启动培养基要求较高,如果使用同一培养基,红色系在10~20天就可以正常出芽,甚至隐芽出现(1个芽点出3个芽),而黄色系最多出1个芽。特别是第一次继代,红色系可以较快地适应,有1~3倍的分化率,而黄色系多数不能分化,出现叶色变黄、发黑,有50%~70%的芽会死掉。所以,要根据品种的不同,选择不同的培养基配比,还要调整糖的用量。对红色系品种,一般可以一步到位。即从外植体开始,培养基成分可以不变,直到正常分化,只要注意在继代时选择生长健壮、叶型、叶色正常的芽,而较弱小、叶黄的芽就可以淘汰掉。经过二至三代筛选,就能得到正常的继代苗了。而对于黄色系品种或白色系品种,这一过程就比较复杂,难度也就大些。要想解决这个问题,要注意三个方面:糖、激素、生长素。糖和激素的使用量可由低到高,而生长素的量可以相同,也可以由高到低,但开始不可太高,否则会出现前期徒长但新芽没后劲而很快黄心、掉叶。另外,还可以用IAA或NAA作外植体培养基,待作继代时再改用 IBA。

6. 生根苗的培养

在组培全过程中,月季组培苗生根阶段是非常重要的环节。因为根长得好与否,会直接影响到过渡苗的成活率和小苗(出苗)的后期生长。影响根生得好与否的因素有以下 3 种:①继代苗的状况。②生长素的使用。③温度和光照。月季生根是个较难的问题,表现在:生根率不稳定,生根苗的比率较低,一般在 60% ~ 85%,不如草本植物生根整齐,特别是在夏季(6 ~ 8 月),生根率更差。原因如下:

(1)**继代苗的生长状况**   生根前的继代苗必须是处于旺盛的生长状态,苗色好、粗细适中。继代时间在 35 ~ 50 天的瓶苗,有一定的高度(35 厘米),枝条的老嫩程度最适宜。处于此状态的苗在转入生根培养基后,会在 7 ~ 15 天内长出较粗壮的根,甚至有些苗可以在 20 天左右长出许多侧根。如果继代苗长势弱,或苗已比较老化,再者就是因为继代苗分化率过高,小苗非常瘦弱,则生根表现较差,健壮根数量减少,生根率也会相应降低或根本不长根。

(2)**生长素的使用**   生长素对继代苗的生根起着十分重要的作用。在植物生长的最佳时期,苗对生长素的要求不高,如在 10 月至翌年 4 月,处于最佳状态时,根对生长素的用量不敏感,即便使用不同种类的生长素,生根率一般也能达到 70% ~ 80%。若在 6 ~ 9月,就要适当提高生长素的用量才能达到相对稳定的生根率,同时也要增加糖的用量。

(3)**温度和光照**   光照对生根苗同样有着重要的作用。研究显示,同样的配方,相同的温度,如果把苗分别放在日光培养室和灯光培养室,10 ~ 15 天,日光培养室的苗根比灯光培养室的粗壮,叶色也深,植物的特性也较明显,而灯光培养室的苗及根都相对较弱。这可能是因为日光培养的苗,吸收太阳光,受全光谱照射的结果。而另一个原因是日光培养室昼夜温差较大,有利于根和苗的生长。但是黄色系品种在生根时,过强的光照则不利于长根。生根苗的配方:①1/2MS + IBA 0.5 ~ 1 毫克/升。②1/2MS + IAA 0.5 ~ 1 毫克/升。③1/2MS + NAA 1 ~ 2 毫克/升。以上配方均能得到生根苗,研究显示配方①的表现较为稳定,生根率高,根、苗的状态都比较理想。

7. 试管苗的炼苗(过渡)和栽植

组培苗的炼苗,在繁殖过程中也是至关重要的。过渡苗如果出现问题或成活率不高,都会直接影响组培的效果,影响到后期的生产量和经济效益。在这一过程中有几个重点要注意。

(1)**选择最佳的过渡时间**   月季在北方地区以 10 月至翌年 4 月为最佳生长期,此时期也是过渡的最佳时期。这期间对组培苗过渡还有两个外界优势:①空气较干燥,不易造成烂苗、烂根。②温度适宜,特别是昼夜温差大,有利于小苗的生长,扎根快,缓苗快。

这是过渡苗的黄金时段,成活率最高,能达到80% ~90%。

(2)**选择适合的过渡基质** 有3种是广泛应用的组培苗的过渡基质:河沙;蛭石或蛭石＋珍珠岩;掺有一定腐殖质的营养土。在大批量生产过程中,注意降低成本才能有较好的经济效益,同时还要考虑减少对环境的破坏。夏、秋两季河沙是适宜的基质之一,此时,外界温度相对较高,特别是中午。河沙属凉性,透水性好,不易造成烂根、烂苗,小苗成活率高,且河沙较便宜,第二次使用消毒也容易。用过的废河沙还可以拌在土里上营养钵之用,既不会造成污染,也不会造成浪费,是一种物美价廉的基质。冬、春两季应以蛭石、珍珠岩为最好。在北方冬春季温度较低,即使有加温设备,也要保持一定的地温(基质)。蛭石的保温、保湿效果较好,加一定比例的珍珠岩作基质可有效地保证过渡苗的生长和成活。河沙则不适合在此期间使用,否则会大大影响其成活率,造成经济上的损失。但蛭石重复使用次数少,颗粒易碎,影响后期的通气、透水;重复使用时消毒较困难;用过的废蛭石不好处理,土壤中掺多了会影响土质。加有一定比例腐殖质的营养土也可以作为过渡基质使用,但掌握带养量较复杂,带养量高了会影响根的生长,俗称"烧根";少了则土质较差,板结,也不利于小苗根的生长。在没有前两种基质时,此基质也可使用,但要掌握好带养量,在管理上也应相应注意。

(3)**选择最科学的管理方法和种植方法** ①试管苗出瓶前要打开瓶口1 ~2天,使瓶内、瓶外空气流通,提高苗的适应性。出瓶时要用镊子轻轻把苗取出,避免伤根和断根。然后用清水冲洗掉粘在根上的培养基。②在苗床上铺上5 ~7厘米厚的基质,耙平,注意基质不能太干也不可太湿。太干会很快吸干小苗根部仅有的水分,影响成活;太湿对移栽时操作不利,也会造成持水量太大。③采取开沟法或挖坑法,把试管苗按一定的株距和行距种植在基质里。注意不能太浅或太深,一般以1.5 ~2.5厘米为宜。栽苗时尽量把根捋顺,也不能把根露在外面。然后轻压基质,减少过多透气,栽后要用细眼喷头,缓慢地把水浇透。如有栽得不严的地方,通过浇水,把缝隙填上。最好是随栽随浇,这样有利于缓苗,特别是夏、秋季有风,切不可上午栽苗下午再浇水。④栽苗后要用塑料布把苗床盖严,做成小拱棚,以保持水分。还要在温室上方遮上遮阳网,避免阳光直射。⑤在栽植后1 ~3天内,如果中午温度过高,可用喷雾器喷少量水,以降低温度。还可以从小拱棚背面打开一小通风口,做短时间的通风,但风口不可太大,特别是有风的季节或寒冷的季节,通风太大、时间过长都会影响小苗的正常生长。3天后就可以适当增加一定的通风量和时间,但这期间浇水不宜太大,以保持基质湿润即可,不能造成存水或积水。7天后可以打开小拱棚的阴面1/2的塑料布,以利通风、透光。大约10天后就可除去塑料棚。整个过程的时间,也要根据品种的不同或苗的长势不同而调整。待小苗在苗床上长出新叶,说明新根已长出,并已成活,就可根据生产的需要往营养钵里移栽。从过渡到移栽一般需要20 ~30天,但不能超过45天。这期间除了定期通风、浇水外,还要注意每周喷1 ~2次杀菌剂,防止小苗受病菌的侵染。并在第7 ~10天喷1次磷酸二氢钾(叶面施肥),提高小苗的抗性,以免在上营养钵后,由于苗太弱而造成死亡。小苗通常在营养钵中培养30~60天就可以定植到大田中了。此期间的管理比较简单,只是按常规喷杀菌剂和施入一定量的薄肥即可。

应该注意的是,小苗不要在营养钵内存养太久,否则易成为小老苗,定植后会影响产花量或花的质量。

8.光环境对月季组培的影响

光环境对植物生长发育和形态建成有着极大的影响,同时,LED灯在植物组培中的应用可极大降低大规模植物组培过程中的能耗,从而降低生产成本,不同光质LED光环境对月季的组培有着不同的影响,适宜的月季光照环境,可以明显提升种苗品质和降低生产能耗。

(1)**不同光质对月季增殖的影响**　月季培养材料增殖是新光质引入植物组织培养体系的重要考察因素,研究结果表明,在LED RB 3∶1处理下月季不定芽增殖数显著高于荧光灯。

(2)**不同光质对月季生长形态及生物量积累的影响**　组培体系在一定增殖率的基础上要注意组培苗的生长一致性,方便后期的培养过程,虽然不同光环境下月季组培苗株高差异不显著,但在组培苗整齐度方面,在LED红蓝混合光质下培养材料整齐度显著优于荧光灯及不同白光LED。与荧光灯相比,LED红蓝混合光质在生物量积累方面更具优势。

(3)**不同光质对月季色素含量的影响**　过高比例的红光对叶绿素含量有一定的抑制效果,不同比例LED红蓝混合光下月季组培苗叶绿素含量与荧光灯处理差异不显著,但均显著优于单色LED红光处理。

(4)**不同光周期对月季增殖的影响**　LED灯可代替荧光灯用于Vendela组织培养,但在实际生产应用过程中,LED红蓝混合光质灯具价格远高于LED白光灯具,因此,从降低生产企业前期投入角度出发,5 000开色温LED可完全代替荧光灯作为月季Vendela组培照明光源,光照时间不低于14小时/天,月季组培苗质量有保障。

9.月季组培苗的出苗标准

月季组培苗的出瓶标准为苗木健壮,苗高2~3厘米,具有良好的根系或根原基,有2~3对叶,无叶片黄化或落叶现象,过渡成活率高,过渡后的小苗根系健壮,植株的长势旺盛,叶色正常,无病虫害和侵染症状,下地定植后能够迅速恢复生长。

（三）月季的育种方法

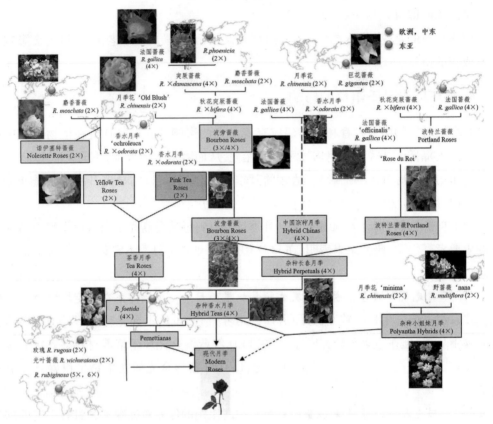

图 5 - 9　月季的演化关系

　　月季育种和品种演化基本过程（图 5 - 9）：第一个时期是种间杂交是自然发生的过程，新品种的产生只来源于自然授粉。利用杂交遗传规律，育种学家开始从质量遗传的角度来考虑月季育种；第二个时期开始于定向育种技术的应用；第三个时期是 1967 年至今，1967 年英国人 Hill 以藤本杂种茶香月季为试验材料，成功地从愈伤组织中诱导出体胚，是生物技术真正应用到月季育种中的标志。此时期的关键是引入有利于改变内在品质的基因。

　　月季的杂交育种有 2 种方式，即传统的品种间杂交和种间或变种间进行远缘杂交。随着科学的发展，人们对月季育种提出了新的更高的要求，由原来的以品种外在特征为主的育种转变到更加注重其内在品质的育种，如抗病虫害、抗旱、抗寒、耐热性的提高等，这些是品种间杂交难以解决的。

　　近年来随着分子生物学的迅猛发展，生物技术作为月季育种的新方法已经起步，在花色、抗病、鲜切花保鲜等领域的育种上取得一些进展。

1. 育种目标及其遗传

(1) **花色**　花色是月季的重要观赏性状之一。因此,改良月季的花色一直是育种的重要目标,包括培育白色、黄色、橙色、粉红色、朱红色、红色、蓝紫色、表里双色(花瓣正背面颜色不同)、混色(含变色、镶边色、斑纹嵌合色)等新品种,特别是要求白色纯正、黄色不褪色、红色不黑边、粉色柔和、表里双色对比强烈、混色多层次且多变化等花色亮丽的新品种,也包括培育真正蓝色、黑色、绿色等珍奇品种,使品种不断更新,花色更加丰富多彩。

月季的花色差异是由于植株体内所含有的类花色素、胡萝卜素和黄酮醇相对含量差异造成的。其中,白色的月季植株体内仅含有黄酮醇,黄色月季植株体内含有黄酮醇和类胡萝卜素,而其他色系的月季则是由不同含量以及组合的黄酮醇、类胡萝卜素及花色素的相互作用而形成的。而由于缺乏能使月季花显出蓝色的类黄酮 $-3'5'-$ 羟基化酶($F3'5'H$)来产生飞燕草色素,因此在五彩斑斓的月季花瓣中并没有蓝色。日本 Katsumoto 花费了十几年的时间通过转基因技术培育出了使花瓣呈现出蓝紫色的月季品种。

月季在花色遗传表现出明显的显隐性遗传趋势,红色是显性,白色、黄色是隐性。杂交亲本花色相同,可得到相近花色后代;杂交亲本花色不同,一般出现花色差异较大的后代。粉红及红色系品种的花含花青苷;芍药色素和天竺葵色素在花青苷缺乏时很难表达。

(2) **花香**　沁人心脾的月季香味能够提高自身观赏价值,培育浓香月季品种对提高月季的观赏品质和芳香油含量都十分重要。由于月季花香为数量性状遗传,因此利用不同程度香味的亲本杂交(浓香型 × 无香型),后代全部表现为有不同程度的香味;浓香品种间杂交,后代绝大多数浓香,少数表现香,无不香的植株。浓香与不香的品种杂交,月季香味的遗传力较强。萜类、苯类、苯丙酯类和脂肪酸衍生物是构成月季香气的主要成分。欧洲蔷薇的主要香气物质为苯乙醇和单萜醇类;中国月季香气物质是芳香烃、萜烯类,其中,1,3,5 - 三甲氧基苯是现代月季茶香的主要成分;现代月季品种其主要香气物质以倍半萜烯类、单萜醇类、芳香醚类、酯类为主,不同的品种间香气物质不同。月季不同发育时期,所含香气物质程度也不同。

(3) **花型与花朵大小**　月季的花型也是重要的观赏性状,普遍认为高心翘角和高心卷边杯状最佳。因此,培育高心杯状型品种是育种者追求的目标之一。高心杯状型是可遗传的,这种花型的品种间杂交就能获得高心杯状型后代。培育高心翘角杯状花型,一般选用花瓣长阔、中脉明显而粗、主次脉分枝数多、瓣缘肉薄的品种作亲本;培育高心卷边杯状花型,一般选用花瓣圆阔、主脉分枝数多、瓣缘和瓣中厚度差异小的品种作亲本。花朵大小也是重要的育种目标。杂种香水月季为大花型,聚花月季为中花型,微型月季要求小花型。花朵大小为数量性状,大花间杂交,后代多为大花;小花间杂交,后代多为小花;大小花间杂交,后代多为中花。月季的倍性研究表明有一个多倍体序列,花朵大小与倍性相关:一般二倍体的花小,绝大多数四倍体的花大,而六倍体和八倍体的花小。杂种香水月季品种为四倍体($2n=4x=28$),聚花月季品种有三倍体($2n=3x=21$)、四倍体和二倍体($2n=2x=14$)。同倍体间杂交,子代与亲本相同;一般不同倍性间杂交,遗传较复杂。四倍体和二倍体杂交后代一般为不留残花、不结果的三倍体。因此,三倍体也是聚花月季的育种目标之一。

(4)**开花习性** 四季开花性即连续不断开花是现代月季绝大多数品种的基本特征,也是月季的重要优点之一。因此,四季开花性状一直是育种的首要目标。很多研究表明连续开花性为单一隐性基因遗传。遗传基因同质的一季开花与四季开花的品种杂交,后代全部表现为一季开花的性状。一季开花是显性,四季开花是隐性,如欧洲赤蔷薇(一季开花)×世外桃源(四季开花)→F_1(一季开花)。四季开花性状是遗传的,四季开花的品种间进行杂交,则后代全部表现为四季开花性状,如墨红(四季开花)×和平(四季开花)→F_1(四季开花)。

(5)**株型** 月季株型分为藤本和非藤本,后者有灌丛、矮丛、矮生等类型,不同的用途需要培育不同株型的品种,因此,株型也是育种必要的目标。株型为质量性状遗传。1987年LA.M.Dubois等研究指出小月季花的矮生性状由显性基因D控制,其基因型为Dd,矮生(微型)品种均含有D基因。矮丛株型HT系等纯合体品种与藤本纯合体品种进行杂交,后代全部表现为藤本,藤本为显性,矮丛为隐性:Sp.(藤本)×墨红(矮丛)→F_1(藤本)。而勇伟等研究指出藤本与非藤本这对质量性状不是一对基因控制的,影响株型表现的因素很多,控制藤本的基因在遗传过程中处于弱势地位,月季后代更容易表现为非藤本的株型。

(6)**抗性** 随着人们环保意识的不断提高,人们开始越来越关注植株抗病品质,为延长月季的观赏期和提高品质,减少病虫害等,应把抗寒、抗旱、抗高温高湿、抗病虫害等作为育种目标,以培育出花期长、抗性强的露地和保护地栽培应用的品种。月季的抗病育种又进入到了一个新高潮时代,其育种目标主要集中在对月季抗寒性,抗黑斑病、白粉病及蚜虫的防治等方面。月季原产于温带地区,因此对生长温度的要求十分严格,月季的耐热性和耐寒性也就自然而然成为重要的育种目标。高温可导致膜蛋白变性,膜脂分子液化,生物膜结构发生变化;低温会使细胞膜的透性发生改变,对月季造成冷害或冻害,高温或低温环境下月季都无法进行正常的生长和发育,因此近年来也有很多的育种专家专注于培育出耐热或耐寒的月季品种。

1)抗寒性 月季的抗寒性是遗传的。抗寒品种与不抗寒品种杂交,后代多表现中等抗寒性,也有接近抗寒亲本特性的植株;抗寒品种作母本的后代抗寒性比作父本的后代抗寒性高。

2)抗黑斑病性 月季的抗病性是遗传的。不抗病品种与抗病品种杂交,一般后代

50%以上抗病,有的高达100%,表现为显性遗传趋势。Thomas Debener 研究表明抗黑斑病为单一显性基因遗传。

3)抗白粉病性　培育抗白粉病的品种,特别是对切花月季尤为重要。月季的抗白粉病性为显性遗传趋势。故其抗白粉病的能力是遗传的。抗病品种间杂交,后代抗病株率50%以上者高达90%;抗病品种与不抗病品种杂交,后代抗病株率50%以上者约50%;不抗病品种间杂交,绝大多数组合后代不抗病,个别组合后代只有少数植株抗病。

月季的观赏功能多,应用广泛,有盆栽、地栽、切花用等,为此应根据用途不同,育种目标也有所不同,或有所侧重,或增加新的内容。如切花月季育种,除以上目标外,还有切花产量高、花枝长、耐久开等要求。又如月季砧木育种,以上花色、花香等某些目标就不需要,而以根系发达、嫁接亲和性好、无刺或少刺等作为育种目标。由于现代月季遗传组成上的高度杂合性,多倍体、远缘杂交不亲性与杂种不育性等原因,对于月季性状遗传的研究难度大,报道少。

2. 育种的方法

《中国林业植物授权新品种》中登录的新品种显示,培育的新品种中88个品种是通过杂交的手段获得,占总数的63%;芽变(自然突变)育成品种数为30个,占22%;而诱变育成品种仅有1个,只占了所有新品种的1%,同样,统计数据中未发现通过分子育种方法获得的新品种。而采用其他育种方法获得的新品种共计20个,占总数的14%。

(1)**杂交育种**　杂交育种包括传统种间杂交和远缘杂交2种方式。种间杂交在月季育种中发挥了巨大的潜力,创造了庞大的现代月季杂交品种群,被称为观赏植物育种的两大奇观和两大最高成就之一。随着社会的不断发展,人们对于月季的需求不断提高,除了最初的外观品质以外,人们开始关注其栽培品质,包括耐寒性、耐热性、抗病性等特性,由于传统的种间杂交方法不能引入新的遗传信息,其展现出了一定的局限性。而作为另一个突破的远缘杂交育种方法则在某种程度上解决了这个问题,仅通过很少的原始种类就可以创造出大量不同类型的品种。杂交育种利用遗传稳定性较强的类型和个体作为父本,遗传稳定性较弱的类型和个体作为母本进行杂交,但需要通过反复的组培及选育才可以达到预期的效果,增加了育种的时间和劳动力的投入。虽然月季杂交育种存在着上述问题,但是由于其操作简单,便于实施,还是被广大的育种者所接受和使用。

1)选择亲本的原则　①具有育种目标所要求的性状,而且优良性状突出,双亲的优缺点能互补。②根据性状遗传规律,尽量选择具有目标性状遗传背景、遗传组成相对纯合的为亲本。③选用雌雄发育健全的品种。母本的杂交可育性是杂交成功的主要因素。一般以雌蕊正常、结果性好的为母本,雄蕊花粉正常发育的为父本;最好父母亲本花期相遇。④应选个体发育中年、生长势中等的无病植株为母本,以确保杂交果实生长发育成熟。

2）去雄 将母本植株上发育正常、当天或翌日要开的花苞,在初开期去掉雄蕊。以每天 10 时以前为好,一般采用镊子或手去掉花瓣萼片,再去掉雄蕊;少量杂交也可剥开花瓣只去掉雄蕊。去雄后套袋(硫酸纸袋等)隔离,以防自然授粉混杂。

3）采花粉 将父本植株上发育正常、翌日或当天要开的花苞,也在初开期采收雄蕊花药,放入容器或纸上于室内晾干,花药自然开裂,花粉散出备用。如果作母本的是另一个组合的父本或者正反交情况下,可在去雄的同时采收花粉。

4）授粉 一般在去雄后翌日 10 时以前进行,此时母本雌蕊柱头已分泌黏液,用干毛笔等授粉工具将父本花粉涂于柱头上;第二天同法再次授粉,每次授粉后都要套袋。然后挂牌注明杂交的父母本名称、杂交日期。授粉后 7~10 天检查,如果花托膨大,说明杂交成功,可去掉纸袋,进行正常管理。月季杂交技术如图 5-10 所示。

图 5-10 月季杂交技术

为了提高杂交坐果率,一般可采用次生枝摘心或摘除的方法,控制新生枝生长发育直到成熟。在进行大量杂交的情况下,一般在每日 10 时以前花初开期,先去萼片、花瓣、雄蕊,然后接着就授粉,一次完成,不套袋(去花瓣后昆虫不会采花混杂,也便于二次人工重复授粉),一行或一株挂一个牌即可。在保护地隔离区大量杂交时更采用此办法。在月季远缘杂交时,一般不去雄就授粉即混合授粉,以确保杂交率极低的杂交种子随着大量自交种子的果实成熟而成熟,然后用遗传标志性状来区别真假杂种。还有重复授粉、赤霉素处理、胚培养等克服杂交不亲和与杂种不育的方法。重复授粉仅对有结实力的组合有效,结果率提高,种子数增加;重复授粉以 2~3 次为好,过多的重复授粉会伤柱头,降低受精率。1991 年 L. Ogilvie 等人报道赤霉素(GA_3)处理柱头,能提高坐果率,且果实中种子数不增加。

(2) **芽变育种** 芽变是由植株体细胞内的遗传因子发生突变而引起的。在自然界月季芽变的频率较高,部分经典的月季品种就源于芽变。与常规的杂交育种相比,芽变育种的周期更短,在自然生长过程中,一旦发现可被利用的性状,就可以立即推广使用。从现有月季类型品种繁殖圃或栽培应用的大量植株群体中,选择芽变的枝或单株,通过嫁接、扦插等无性繁殖方式,使花芽分离、纯和、稳定下来,与原种进行比对实验,筛选优良的芽变培育成新品种。但是在发现变异的过程中可能需要更多的人力和时间投入。与国内相比，国外的芽变育种更多集中在利用分子标记的手段筛选出特异 DNA 片段，但其内在机制还不太清楚，这从某种程度上也制约了芽变育种的进一步发展。要进一步促进芽变育种的发展，要求研究者尽快清楚利用分子手段筛选芽变育种的内在机制。

(3)**诱变育种** 通常所说的诱变育种包括物理诱变和化学诱变 2 种，国内的月季诱变主要是采取物理诱变中的射线诱变即辐射育种。射线包括 X 射线、β 射线、γ 射线和中子射线。利用$^{60}CO-\gamma$ 射线辐射月季的枝芽、种子、花粉等，适宜处理的剂量一般为 20～30 戈；休眠状态植株、枝芽是 30～40 戈；沙藏种子为 40～50 戈。提高变异的频率，能产生超亲本或自然界还没有的新性状类型，在保持绝大多数性状不变的前提下改善月季品种的个别性状，并且能够克服月季远缘杂交不亲和性。相对于自然变异而言，诱变处理的样本发生变异的频率更高。与其他育种方法相比，诱变育种可以使植物的形态结构以及生理生化等方面发生变异，而且可以得到其他育种方法无法实现的新性状。就目前而言，诱变育种很少与其他的育种方法结合使用，无疑缩小了其应用范畴，今后的月季育种可以考虑将诱变育种与其他的现代育种方法相结合，创造出更大的价值。

(4)**分子育种** 近年来利用分子技术研究月季育种以及月季发育机制已经成为热点问题。分子育种可以通过胚培养、体细胞无性系变异的选择、原生质融合、转基因育种、分子标记等一系列手段改变月季的某一性状，达到预期的目的。但由于月季各性状的分子机制十分复杂，仍需继续深入研究，目前尚未有可以推广的优良品种产生。迄今为止，分子育种已经在月季的花型(主要为单瓣/重瓣的性状)、花色(蓝色月季的成功培育)、花香(引进高性能计算分析技术以及数字基因表达谱等新技术)、抗性以及切花种类的瓶插时间以及保鲜液的开发等方面均有涉及。因此进一步弄清楚月季性状的形成和遗传机制，有利于分子育种方法的进一步推广和使用。同时，将分子育种与其他的现代育种方法相结合，可以达到更好的育种效果。

六、周年生产技术

（一）切花月季周年生产技术

1.品种选择

切花月季品种要根据市场需求、栽培条件和生产类型来进行选择,此外还应积极培育、引进商品价值高、花型丰富、色彩鲜艳、抗病虫害的优良品种。品种优良的切花月季应具备以下特性:

（1）*切花品质好* 花色纯正、鲜艳、亮丽,有丝绒光泽,花朵在开放的过程不褪色、变色。花形优美,高心翘角或高心卷边杯状型的切花月季在开放到 1/3 ~ 2/3 程度时,花蕊含而不露,花心开放的进度缓慢并且维持优美花形的时间长。花不焦边、不乱心,外层花瓣整齐,内层无碎瓣,花瓣厚而硬挺。花枝吸水能力强,持水能力好,瓶插时间长(8 ~ 10 天及以上)。花梗粗壮挺直,支撑性好。花枝长、直、硬挺、表面刺少,上下粗细均匀。叶片中等大小,叶面平整,有光泽。无任何生理病害。

（2）*切花产量高* 植株生长势强,耐修剪,发枝率高,盲枝少,四季开花,开花周期短;大花型品种年产量 100 枝/米^2 以上,中花型品种年产量 200 枝/米^2 以上。

（3）*栽培管理方便* 植株直立型,少刺或无刺,以便于密植及其施肥、喷药、剪切花、修剪等栽培管理操作。单枝花蕾少或单生,以便减少单朵切花生产时摘芯的工作量,抗病、虫害能力强,包括抗白粉病、霜霉病、黑斑病、红蜘蛛等病虫害。温室栽培生产的品种要求抗或耐白粉病、霜霉病和红蜘蛛,而露地栽培生产的品种要求抗或耐黑斑病等,以便减少防治病虫害的费用。

现代月季切花周年生产技术体系如图 6 - 1 所示。

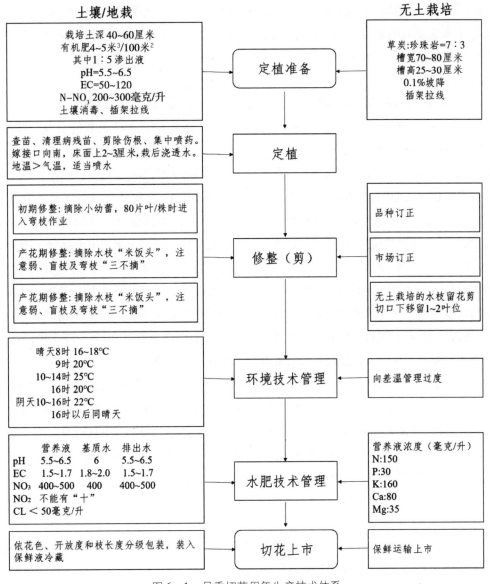

图 6-1 月季切花周年生产技术体系

2. 栽培管理

（1）**整地施肥** 选择地下水位低、疏松通气的沙性壤土,土壤有机质含量最好能达到 1.5% 以上。土壤 pH 在 5.5~6.5,有效耕作层 80~100 厘米。在月季定植之前进行土壤改良,施入优质堆肥 10~15 吨,秸秆堆肥 1~3 吨,并保持土壤在栽培期间一直有良好的物理和化学性状。施肥后进行深耕,深度为 60~80 厘米,使土壤的通透性和保水肥性得到改善和长期维持,促进月季根系长期良好的生长。切花月季喜水、怕涝,土壤排水不良和积水,都会影响月季根系的生长。结合当地的土壤特点和栽培方式,挖深沟做定植畦,定植畦做成高畦,黏性土壤定植畦一般高35~40厘米,沙性土壤定植畦一般高20~25厘米,地下水位偏高的地方,定植畦可高达50厘米以上。畦面宽100~120厘米或80~100厘米,畦沟面宽50~60厘米。改良土壤的有机肥种类可选用牛粪、猪粪、羊粪、鸡粪、骨粉、腐叶土、堆肥等。

(2)**定植** 定植行距50~60厘米,株距20~24厘米,定植密度平均为5.5株/米²,定植时将嫁接部位高出地面2~3厘米。种植选择在多云、低温天气,早上和傍晚最佳。种植时拉直线栽种,以确保种植后各畦种苗笔直。定植时注意嫁接苗的切口向畦内,防止接穗发出不定芽;扦插苗的主芽与土壤平行。在塑料大棚内一年四季均可定植。一般在3~9月定植,夏季定植缓苗期短、成活快,冬季定植缓苗期长、成活慢。定植后要及时浇足定根水,在高温天气定植时注意遮阴降温并向叶面喷水。定植后第二天扶苗,将位置不好的歪、高、斜和浇水后位置改变的苗扶直、扶正。定植后1周内充分保证根部土壤和表土湿润,白天叶面喷水,适当遮阴。3~5天后即可检查是否发出白色的新根,如果有大量的白色新根发出则说明定植成功。7天后逐渐降低叶面浇水量,但要保持表土湿润。15天后逐渐减少土壤浇水量,此后根据土壤干湿情况适时浇水,保持土壤潮湿,并喷洒多菌灵或百菌清等农药进行一次病害防治,同时注意中耕除草。20天后当有大量的新根萌发时,可减少浇水量,适当蹲苗,促使根系进一步生长,经过30天后可进行正常管理。种植密度可分为:

1)两行式 畦宽60~70厘米,埂宽30厘米,每畦2行,温室中可采用行距35厘米,株距随品种特性可设20厘米、25厘米、30厘米几种,即对应种植密度(含通道)为10.8株/米²。种植密度主要取决于栽培类型和栽培品种的植株形状,温室栽培时直立型品种密度可采用10株/米²,扩张型品种密度6~8株/米²;露地生产行距可扩展到40~50厘米,株距30~40厘米,栽种的密度为2~4株/米²。

2)三行式 畦宽80~85厘米,埂宽17.5厘米,每畦3行,温室中可采用行距30厘米,株距25~30厘米,相邻行植株交错种植,露地行距和株距应适当加大。

3)四行式 畦宽100~120厘米,埂宽25厘米,每畦4行,行距25厘米,相邻行交错种植,株距视品种而定,此种形式通道较宽,适合露地栽培。

定植示意图如图6-2所示。

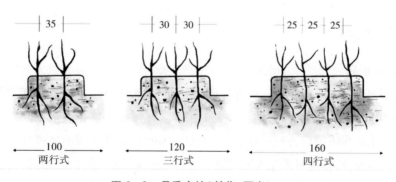

图6-2 月季定植(单位:厘米)

（3）**修剪**　为了保证月季切花的优质高产,一般扦插苗3~4年,嫁接苗5~6年修剪1次。不同品种的月季枝条,其叶型、腋芽形态、腋芽生长速度和花型均有差异。枝条顶端的芽最早发育为花芽并开花,花朵下面1~6个腋芽,依次抽发新枝,并依次增长,形成花芽并开花;枝条基部、中部的腋芽形成的花枝质量差异不大,但从中部到基部花枝开花的时间依次延长,可以根据这些特性进行修剪,调节开花期。月季切花具有连续开花的习性,大多数新抽枝条的顶端都能开花。只有温度、光照、养分、水分等供应不足的枝条才不会开花,形成盲枝。

1）**整形修剪的意义**　切花月季的习性是在1年中连续生长、开花,所以植株对养料的消耗比较多,如任其自然生长,老枝就会很快枯死。因此,为了防止切花月季过早衰老,延长盛花期年限,切取大量优质的切花,获得最大的经济效益,必须通过整形修剪的方法来加以调控。

切花月季通过修剪不仅可以养成主枝、花枝并调节树势,还能改善通风透光条件,保证切花月季植株旺盛生长。切花月季修剪技术中主要采用折枝和剪枝方法。根据切花月季植株的分枝层次,可以将月季切花植株分为一、二、三级(或一、二、三次)枝,也称主枝,是从植株基部(嫁接苗是从嫁接口以上)长出,每株2~5个。生长季,月季植株折枝后,从植株基部发出的脚芽就可称为一级枝,一级枝上发出的枝就称二级枝,二级枝上所发出的枝就称三级枝。根据月季切花植株枝的功能和用途,从主枝上的芽长出的枝可分为切花枝和营养枝。从主枝上长出的将培养为切花的枝,称切花枝;在月季切花植株上经过折枝处理后用作制造营养的枝称营养枝,一般常将营养枝上的花蕾及时摘除。在切花月季修剪技术中,优质月季切花高产株型的植株有切花枝4~5枝,均匀饱满的营养枝5~6枝,株型高度50~60厘米。依据高产优质切花株型结构,分期逐步培养成株型并保持株型的合理结构。其培育技术及示意图(图6-3)如下。

第一,折枝。压枝绳(铁丝或尼龙线)距苗25~30厘米,在定植畦的两边用铁桩或木桩拉紧并固定。将所有作营养枝的枝条压于压枝绳下。苗期所有花头在豌豆大小时打去,保留叶片,当枝条长度有40~50厘米时将枝条压下,注意不要将枝条压断。新萌发出过细的枝条压作营养枝,营养枝上发出的枝条继续压枝。压枝时注意各株之间、枝条之间不能相互交叉,折枝数量以铺满畦面为宜,让叶片能得到充足的光照。折枝不论一年四季,还是一天早晚均可进行,是一项经常性的工作。一般早上枝条较脆,压枝时容易断裂,要尽量使其不断裂。折枝的操作:用一只手把握枝条需要折的部位,另一只手用力向下扭折,将枝条压于压枝绳下。对粗枝条可在距根部10厘米处将枝条扭折后再压下,注意扭折时双手操作避免折断枝条。

第二,压枝。苗期开花植株的培养方法是以压枝为主,以利于切花株型的快速培养。当枝条有40~50厘米高时便可压枝,将枝条压下并把所有的花头在豌豆大小时去除,从压枝上新发的枝条继续压枝。植株压枝后会迅速长出水枝(脚芽),粗壮的水枝作切花枝,也可以在水枝现蕾后留4~6枚叶短截作切花母枝;细的水枝继续压枝作营养枝。

图6-3 现代切花月季的折枝和压枝示意图

2)整形修剪的时期 切花月季要根据不同的生长时期、品种进行修剪,总的目的是要及时除去枯枝、老枝、病枝和其他没用的枝条。切花前的修剪主要以控制开花、促进植株的营养生长为目的。从基部抽出的枝条留2~3个侧芽,分枝的枝条则留1~2个侧芽,同一节位只宜留一芽,使植株茎枝分布均匀,通风透光良好。在控制枝条开花时,一般从枝条顶端向下,在第一个五片复叶向外的节位进行修剪,以防侧花蕾发生过快过多(因在三片复叶节位大多为腋花芽)。当植株长到1米高以上、有3~4条主枝后便可开始切花。采取切花后的修剪,主要以控制植株开花数量,保证植株生殖生长与营养生长平衡,以及开花质量为目的。一般不宜一次大量留花,否则会影响花枝质量,使花蕾变小;同时,由于养分消耗过大,也会使植株变得非常衰弱,严重影响营养生长,反过来又影响到生殖生长。每个枝条可留1~3个芽作开花枝条,这要根据枝条的粗壮程度而定。实践表明,不同的品种也应有不同的修剪方法,这要根据各个品种的生长发育特性来进行。

3)一年生幼苗的整枝修剪

第一,主枝的养护与修剪。幼苗定植之后,为促使根系发达,多发旺枝,扩大树冠,先不要让其开花,而应以养枝为主。具体操作是:当嫁接苗长出的枝条现蕾时,应摘除花蕾及其下的具3小叶的节间,令其下部的叶腋发出新枝。然后,从中选留3~5个粗壮枝条作主枝。对选作主枝的枝条,也不让其枝顶开花,当它现蕾时再进行摘心处理,即去掉花蕾及其下部的全部具3小叶的节间,使主枝中下部的叶腋萌发抽枝成为切花枝。

第二,切花枝的养护和修剪。切花枝越健壮,花朵的质量就越好。每一次剪花实际上也是种修剪。所以,切花剪取后要进行一次重剪。修剪的原则是留枝养树,母枝轮换,疏去老、弱、密枝,剪去徒长枝。在保证切花枝条的营养供给剪花时,花枝长度达到40厘米以上的,留3~5个芽;花枝短于40厘米的,多留枝叶养树,需要在花蕾下3片复叶处剪去花,减少养分消耗。针对不同长势的枝条,修剪方式也应有所区别,具体操作如图6-4所示。

1.弱枝修剪短留　　2.中庸枝修剪短留　　3.强枝修剪长留

图6-4　不同长势枝条的修剪

　　每年经过几大节日剪花的植株,母枝已经较老,产花枝细弱,这时需要考虑更换母枝,让新壮枝来度夏。即要重剪养树,保证下一次商品切花的质量。植株要留1~2条壮枝作为母枝,其余枝条留芽2~3个修剪,然后施一次0.2%三元素复合肥,10天后可抽生出新枝。要摘去母枝的顶芽,促进新抽枝的营养生长。夏季切花市场一般较差,月季开花快,要经常剪去开败的花朵,以养树为重。为了保证秋季产花的数量和质量,8月的一次修剪,强度要比春季的轻。视植株的强弱,留母枝2~3条,摘去顶芽。其余枝条,粗壮枝可以在第一个分枝处留2个芽,较弱较老的枝,可保留靠近根茎部的2~3个壮芽。修剪后要加强肥水,1周后新芽开始萌动生长,约28天即有花蕾出现,35天左右可开花。此时正是国庆节前后,切花市场较好,价格也较高。以后剪花,结合修剪,到了春节即有大量的切花月季产品上市,保证了经济效益。萨曼莎、金奖章、肯尼迪、超级明星、基督教徒、瑞士黄金、红双喜等品种,表现都比较好。在栽培过程中,为了保证切花枝健壮生长与顶蕾的充分发育,要及时去除切花枝上正在萌发的侧芽和侧蕾,减少养分浪费。

　　4)二年至多年生植株的修剪

　　第一,初花期株型培养。经过苗期开花植株的培养,有部分植株开始采收切花,大部分植株发出大量的新枝,这时期以培养株型为主并兼顾切花采收。株型的培养方法,即对各级枝的培养,对粗壮的水枝留25~30厘米(4~5个5片复叶)高摘心,培养成植株的一级枝。对一级枝上发出来的枝,粗壮的可作切花枝,细弱的可压作营养枝。一级枝上萌发出来的切花枝,采花时留10~15厘米(1~2个5片复叶)高剪切,培养为二级枝。对二级枝上发出来的枝条,强壮的可作切花枝,细弱的压作营养枝。二级枝上的切花枝采花时留5~10厘米(1~2个叶片)高剪切,培养为三级枝。一般月季切花品种植株培养三级枝,可以达到高产优质株型,有些月季切花品种植株培养二级枝即可成型。在株型培养期间合理保留各级枝的高度非常重要,它们与切花的产量和质量密切相关。一般越强壮的枝,留枝越高,剪切后发出来的枝越多,达到切花标准的枝越多;相反越弱的枝,留枝越矮,剪切后发出来的枝越少,达到切花标准的枝更少。留枝过高,发枝过多,会造成产量高、质量低的现象;相反留枝过低,产量也较低。当营养枝过多时,应该逐步淘汰底部的枝条或有病虫害的枝条。对于每年从植株基部发出的新脚芽,要有选择性地保留一些,以用作替代逐步升高而应该淘汰的老化主枝。一般每年10月在植株将进入休眠时,利用新脚芽更新老化主枝,将植株高度逐步提高,促进形成更多的产花枝条,待情人节供花期剪花结束后,将植株回缩修剪整理至正常切花高度50~60厘米。在每一个切花高峰后,都应适当修剪整理,营养枝上发出的新枝条,冬季留部分产花,其余用作营养枝。

第二,产花期修剪。为保证出口月季切花的质量和产量,在产花期折枝和切花枝按一定比例选留,一般植株有切花主枝3~5枝,均匀饱满的营养枝5~6枝,株型高度50~60厘米。利用修剪可以控制花期,调整供应时间。在切花月季生产中,采花日期与修剪时间、品种、气温和剪切部位都有关系,所以需要根据品种、气温等决定修剪时间和剪切部位。据调查,从修剪所留下的花芽萌发到开花所需时间,夏季一般是5~6周,春、秋季是6~7周,冬季稍长,需要8~10周。同一枝条在不同部位修剪,则将来所发的花枝质量也不同。如果在枝条的中部修剪,新发枝条从剪切到开花时间较短,所发切花枝的长度和直径最大,所以切花质量也最高。

第三,休眠期的修剪。越冬休眠期的修剪。冬季,如果大棚内不能加温,北方则不能进行切花修剪。所以,可以在这个时期让植株进行休眠。在落叶前进行一次重度修剪,也称回缩复壮。具体做法是,选定3~4个生长强健的主枝从基部20~50厘米处剪除上部,剪口剪于向外生长的叶芽上方0.5~1厘米处,呈45°角,选留作为主枝和花枝,其余枝条全部剪除。如果在12月中下旬进行重度回缩复壮修剪,则可以在清明节期间产出早春第一批切花,到五一节进入盛花期。此时,花价较高,可产生较高的经济效益。切花月季修剪技术中,如果冬季不进行重度修剪,全株长满又高又多的枝条,徒然消耗养分,立春后枝叶就不茂盛,开花量也会大大减少。

盛夏休眠期的修剪。切花月季在夏季高温季节,由于气温较高,当温度高于35℃时,植株就会自动进入半休眠状态,所产花朵既小又少,价格低廉。结果,既不能保证夏季产花的品质和经济效益,还会影响秋、冬季产花的质量和效益。所以,应该进行夏季进入休眠前的修剪。此期,传统的方法是修剪,现在多改为折枝的方法。折枝法引自国外,目的是改善通风透光条件,降低切花部位,增加叶面积。折枝后,可以刺激营养回流到基部,促进基部侧芽萌发。具体做法是:在定植畦的两边用铁桩或木桩将压枝绳(铁丝或尼龙线,距植株25~30厘米)拉紧并固定,在距地面50~60厘米高度处将所有的营养枝做弯曲或折枝处理,即扭断其木质部压于压枝绳下,但是要注意不要扭断切韧部,然后将枝条压向地面。这样能最大限度地保留叶片数量,为植株供应养分,既能够保证秋、冬季产出优质的切花,又能从伤枝基部发出新枝。这样,新枝可作更新主枝,也可以修剪成花枝。对于长度不足30厘米的带黄豆大小花蕾的枝(不合格花枝),也可摘去花蕾进行折枝处理。折枝处理时,要注意各植株之间、枝条之间,不能相互交叉。折枝数量以铺满畦面为宜,让叶片能得到充足的光照。将枝条压下后,并把所有的花头去除,从压枝上新发的枝条继续压枝。植株压枝后会迅速长出脚芽,粗壮的脚芽选作切花枝,也可以在脚芽现蕾后留4~6片叶短截作切花母枝,稍细的脚芽继续压枝用作营养枝。折枝、压枝是一项经常性的工作。一般早上枝条较脆,压枝时容易断裂,可在中午或下午进行,要尽量使其不要断裂。

5)其他修剪内容

第一,摘心。分重(深)摘心和轻(浅)摘心(图6-5)。重摘心一般针对短枝型品种,或者定植初期的小苗,从枝条顶部或花蕾处往下数3个复叶处,进行重摘心,以去除顶端优势。轻摘心一般主要针对营养枝部分长出的芽,在枝条茎尖开始形成花蕾时,将枝条先端摘除,轻摘心时尽可能留下较多的叶片。

第二,摘蕾(图6-6)。侧蕾长到5厘米左右时,及时抹去,仅留1个顶蕾,以保证切花质量。如果不及时摘除侧蕾,就会与主蕾竞争,影响主蕾发育。

第三,摘芽。腋芽长到5厘米左右时,及时抹去腋芽,每枝仅留2~3个壮芽。

第四,整枝。在切花月季日常管理中,要及时清除病虫枝衰弱枝,除去砧芽和内向生长的新芽,摘除营养枝上的新芽,剪除重叠枝及过密的枝条等。

重摘心　　　　　**轻摘心**

图6-5　月季的摘心

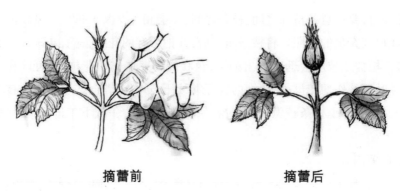

摘蕾前　　　　　　　　　　　摘蕾后

图6-6　月季的摘蕾

3. 温度管理

月季切花生产最适宜的生长发育温度白天15～25℃,夜间10～15℃。冬季当夜间低于8℃时,许多品种生长缓慢,枝条变短,畸形花增多。夜间温度长期低于5℃时,大多数月季品种不能发出新枝,或者发出的新枝较短,盲枝增多。因此,冬季低温严重影响切花的枝条长度、发芽及花芽分化,从而影响产量和质量;夏季当夜间温度高于18℃、白天温度高于28℃时,大多数月季品种生育期缩短,切花的花瓣数减少,花朵变小,瓶插寿命变短,对切花的品质有较大的影响;理想的昼夜温差是6～10℃,温差过大导致花瓣黑边。夏季将大棚内的白天温度控制在26～28℃,冬季将大棚内的夜间温度控制在14～16℃,就可保障出口月季切花的高产、优质周年生产。在冬季栽培时,由于夜间室外气温往往低于-5℃,加温栽培是确保正常生产的必需条件。温室的夜间最低气温应该设定在12～18℃,安全温度设定在15℃。为了加强温室的保温性能,可以采用一面坡式的简易温室,外盖草苫保温。或在温室内设置2层或3层保温幕。采用夏秋季采花型和冬季一时休眠型,使植株在最寒冷的季节进入休眠,可以适当节省一些能源消耗,但在深秋以及早春还是要进行加温才能生产出高质量的切花。黄河流域夏季中午的最高气温经常达30℃以上,夜间气温也超过25℃。高温会造成花朵小型化,产生露心花,切花长度过短,切花质量大幅度下降。此时可以利用遮阳网或银色塑料网遮光,也可以利用湿帘或简易喷雾等降温措施。

4. 浇水管理

月季是喜水又怕涝的作物,土壤水分不足时会造成切花月季水分胁迫,严重影响月季的切花产量和质量;相反,土壤水分过多又会造成根系通气不足而影响根系发育。因此,必须进行科学的水分管理。

(1)需水规律　月季属喜水植物,其年生长量大,各器官发育过程中,尤其是抽枝展叶和花蕾膨大等时期,需要充足的水分供应。测定月季植株体内水分在不同生长阶段的含量,表明水分含量在营养生长初期最高,为80%~85%,随着生长而趋于下降,直到花蕾增粗生长到稳定时期为73.36%,在花朵开放后又有上升为76.65%,谢花后迅速降至最低水平,为69%~70%。品种之间,水分含量差异不明显。国外的研究也表明,月季新芽萌生时对水分的需要是,在11时以前一直增加,至中午保持一段时间,而后逐渐减少。植株在栽培期间发生数次脱水现象,叶缘就会变褐或枯死,并且引起落叶。即使没有达到脱水的程度,只是轻度萎蔫,时间一长也会引起植株过渡木质化、矮化、叶片变小、叶色发暗没有光泽等不良现象,花枝长度与花径大小也受到影响。此外,土壤中水分较少,若持续时间较长,则土壤中盐分的浓度增加,这会对其根系产生不利影响,从而不利于地上部各器官的生长发育,影响切花的产量和品质。另一方面,土壤(基质)水分过多又会造成根系通气不良,从而影响植株的生长发育。因此,切花月季生产中必须进行科学的水分管理。可选用快速测定土壤水分的土壤张力计,用张力计监测土壤水分,并作为浇水参考依据。冬季及早春气温低、干燥,月季植株生长缓慢,对水分的需要量较少。

(2)**合理灌溉** 一般而言,幼苗和新定植植株需水较少,可减少灌溉时间,灌溉次数不变,第一个月每天至少灌溉一次,阴雨天酌情减少灌溉量或灌溉次数,并于每次灌溉时检查滴管出水情况和排除异常。判断灌溉量是否合适的标准是,土壤栽培畦沟湿润,阴雨天要保持干爽。生产中的经验是"见干见湿",即指土壤表面发干需要浇水,每次浇水要浇透,根据月季植株生长情况,大棚内每天浇水量为6~10升/米²,冬季及阴雨天取下限,夏季及晴天取上限。每2~3天浇水1次,每次40~60分。灌溉从7时开始,尽量提前,最迟于16时前完成。旱季(10月至翌年5月)灌溉后,以畦沟应略有水迹渗出为度;雨季(6~9月)应保持畦沟干爽。如果是采用基质栽培,根据栽培基质不同,每天灌溉3~6次。对植株修剪前需要适度控制水分以控制植株生长,修剪后则需要多浇水以促进花芽形成。开花高峰期供水要充足,露地栽培时要根据降水的情况进行灌溉,尤其是干旱的夏季更要注意,不能使月季缺水,否则必然会影响切花的产量和品质。冬季塑料棚内密闭,水分蒸发量少,应视具体情况适当减少浇水次数,以免造成水害。

目前切花月季生产中应用的灌溉方法主要有:人工浇灌、自走式喷灌、滴灌、喷灌、漫灌、喷雾法等,各种方法各有利弊。

常用的灌溉方法主要有3种:漫灌、喷灌、滴灌。

1)漫灌 是一种传统的灌溉方式,目前仍在广泛使用。漫灌系统主要由水源(井水或自来水)和各级水渠组成,一般把水引入畦内,漫过畦面即可。漫灌的优点是投资少,容易操作。漫灌的缺点:一是水的利用率低,浪费大;二是不能根据切花月季对水分的需求准确控制灌溉量;三是土壤中水与空气的矛盾不易协调,而且灌溉后土壤表面容易板结,长期漫灌土壤盐渍度会提高;四是在温室和塑料大棚内漫灌会使室内空气湿度增高,极易引起病害的发生。

2）喷灌　喷灌系统主要由输水管和喷头两部分组成,一般可分为移动式喷灌和固定式喷灌2种。移动式喷灌装置通常为全自动控制,喷水量、喷灌时间等因素可以人为调节。这种系统价格高,安装较复杂,在切花月季的生产中,主要用于种苗的生产。固定式喷灌装置价格较低,安装、操作、管理比移动式喷灌简单,主要在温室内某些有特殊要求的鲜切花生产或在露地鲜切花生产中使用。喷灌与漫灌相比虽然投入较大,增加了生产成本,但是它也有很多优越性。①生产者可以根据切花月季的需水量定量控制灌溉。②可以减少水资源的浪费,同时使土壤或基质灌溉均匀,有利于切花月季的生长。③在炎热的季节或干热地区,通过喷灌可以提高环境的湿度,降低温度,从而改善切花月季的局部生长环境。

3）滴灌　滴灌系统主要由储水池、过滤器、水泵、肥料注入器、输水管、滴头和控制器等组成。目前在大多数现代化切花月季生产温室中均采用了此种灌溉方式。滴灌的优点很多,主要是:①比漫灌、喷灌大大提高了水的利用率,减少了灌溉水的用量。②可以维持较稳定的土壤水分状况,较好地解决了土壤中水、气之间的矛盾,有利于切花月季的生长,提高切花产量和质量。③可以避免土壤板结,并使温室内的空气相对湿度不致过高,减少病害的发生和传播。④滴灌通常与施肥结合进行,可以提高肥料的使用效率,降低生产成本,减少环境污染。

漫灌在我国北方地区常用,以低畦漫灌为主,而南方则多用高畦漫灌的方法。当畦的长度较长时,应从两头或分段灌溉,以防灌溉不均匀。滴灌用塑料的滴灌带进行,比较均匀,且较为省水。一般视畦的宽度设置1～2根滴灌带,4行以上需设置2根。喷灌一般采用低位喷灌,这样新枝不易着水,可以适当防止白粉病的发生。另外,喷灌有降温的作用。值得注意的是,冬季浇水时,水温不能太低,要等于或高于地温。各种灌溉方法的施水特性影响切花产品的最终质量。如滴灌情况下,由于根系有向水趋肥性,当灌溉比较频繁时,根系有集中在上层土壤的趋势,并向水、肥、气热状况良好的滴头附近和表层发育。灌溉方式还影响基质的吸水力,上部灌溉法的水分吸收量为0.5升,滴灌法的水分吸收量为38升,潮汐式漫灌法所吸收的水分为0.19升。总之,灌溉管理成功与否,取决于灌溉用什么样的水质,何时灌溉,灌溉量及灌溉方法。浇水次数和浇水量与植株的状态、土壤条件、空气相对湿度、日照、气温和空气流动情况有密切的联系。试验研究表明,应根据日照强度与植株蒸腾、土壤水分蒸发的相关性计算出月季年浇水次数和浇水量,即在大棚条件下,冬季约9天浇1次,春秋4～5天浇1次,夏季2～3天浇1次,2年浇水80次左右。然而,在生产实践中,常见到灌溉过量的情况,造成水分浪费的同时,也引起植株生长异常,病虫害严重等。所以,水分管理要向定量化发展,特别是在设施生产中,实现肥水的同步管理,以降低污染物的排放量。

（3）**及时排水**　平时,要保持排水沟底部不积水,避免栽培畦内渍水。每一生产单元（地块）的地面要平整,并按长度方向中间高,两边低。露地栽培时要注意收听或收看天气预报,做好大雨来临之前的排水准备工作,及大雨过后的及时排水工作。

5. 空气相对湿度管理

优质切花月季萌芽和枝叶生长期需要的空气相对湿度为 70% ~ 80%,开花期需要的空气相对湿度为 40% ~ 60%,白天空气相对湿度控制在 40%,夜间空气相对湿度应控制在 60% 为宜,设施内空气相对湿度主要影响花色。有些复色品种,如彩纸（Konfetti）、阿班斯（Ambiance）等湿度、光照不足时色彩变淡,显现不出复色原有的色彩;红色、黄色品种,空气相对湿度、光照不足时色彩也会变淡,花色不鲜艳,品质受到影响。设施内空气相对湿度高于 90% 以上设施薄膜、水槽、植株及叶片开始形成水滴,易诱发多种病害发生,如灰霉病、霜霉病、褐斑病等。

6. 光照管理

月季切花喜光,特别是散射光照。滇中地区夏季晴天 12 ~ 14 时时日照强度在 12.5 万 ~ 14.2 万勒,日照中含紫外线强是某些品种花瓣黑边的主要原因之一。每年夏季连续阴雨 7 ~ 10 天、冬季连续阴雨（雪）7 ~ 10 天的天气,造成阶段性的光照不足,影响切花的生长和品质。使用高品质的月季专用薄膜,在保证高透光率的前提下可阻挡大量紫外光,在阴雨天保证一定的散射光进入棚内。在月季抽枝期间不使用遮阳网,保障植株有充足的光照;现蕾后可以在晴天 10 ~ 16 时,使用 60% ~ 75% 银灰色的遮阳网;夏季连续阴雨天不能遮光,冬季不遮光,大棚土表面过湿、有霜霉病、有灰霉病时不遮光。

7. 肥料管理

除了定植时施入基肥外,以后还要追施化肥。

（1）**适宜的肥料类型**　氮肥是切花月季需要的最重要营养成分,对切花月季的营养生长发育和鲜花产量起重要作用。只有在氮肥供应充足的情况下,才能枝繁叶茂,生长正常。如果氮肥不足,会使切花月季枝条瘦弱,叶片发黄,新梢生长缓慢。但是,如果土壤中氮肥过多,则容易引起枝条徒长,组织疏松,开花少,甚至花朵畸形。磷肥可以促进切花月季根系生长,使根系发达,叶面肥厚,花色鲜艳。如果土壤中缺少磷肥,则会使枝条软弱,花朵下垂而无力。所以,在每年秋季施基肥时,要掺加适量磷、钾肥,可促使切花月季新梢嫩叶生长正常,使鲜花数量增多,花蕾饱满,鲜花含月季精油成分高。此外,切花月季施肥时,还需要施用一定种类和数量的微量元素,如铁、硼、锰、锌等。如果土壤中缺少微量元素,则会使月季叶片失绿,甚至使植株器官畸形,发生各种生理病害,影响切花月季植株的正常生长和发育。切花月季在营养生长期对大量元素氮、磷、钾的需求比例为1:2,开花期为3:1:3,中量元素和微量元素可以每月定期施用。施肥量应根据土壤肥力、植株生长状况及其产量等因素进行适时调整。

(2)基肥施用技术 基肥一般每亩施用氮磷钾(15-15-15)复合肥30~40千克,同时施用充分腐熟的有机肥3000~4000千克,以满足切花月季对速效养分和长效养分的需求,以及对微量元素的需求。基肥一般在定植前随着整地同时施入,或每隔两年在秋季落叶后施用,时间应尽量提早,可以使开沟施肥中受伤的根系得到愈合,生出新根,有利于促进植株翌年春天旺盛生长。基肥施用过晚,往往影响翌年春天植株正常的生长。

(3)正确的追肥方法与用量

1)追肥施用技术 当发现月季植株表现出营养元素缺少时,需要进行补充施肥。一般而言,缺少营养元素的可能原因主要有以下几种:一是可能肥料中含的有效成分的差异或误差与实际需求量不相符合;二是配肥和施肥操作过程中不恰当的操作引起肥液出现沉淀或流失,使营养元素的配比失去了平衡;三是土壤的pH对肥料吸收利用有影响;四是土壤温度及通透性差影响了营养元素的吸收;五是其他因素影响了营养元素的有效性等,这些因素的存在,使月季不能有效地吸收利用营养,从而出现了缺素症状。正常情况下,在土壤栽培中,只要坚持正常施肥,一般不易缺少大、中量元素,有时出现了,则可能是由于月季生长快,消耗了大量的肥水,但是没有及时得到施肥补充造成的,这时可通过增加供肥次数和供肥量来解决。一般较易出现缺少铁、锰、硼、钙、镁等元素。当缺少铁或锰时,除了要增加铁肥或锰肥的施用量外,更重要的是要调整土壤的pH,使pH 5.5~6.5,从而提高铁或锰的活性。当植株出现严重缺乏这些元素的症状时,可用0.2%~0.5%的螯合铁或螯合锰同时进行叶面喷施。如果出现缺少硼、钙、镁等元素,主要通过增加施用量,严重缺乏时可用硼酸、硝酸钙进行叶面喷施补充。通过施用大量腐熟的农家肥并结合土壤改良,可以减少上述缺素症状的发生。如果确诊缺素症状发生了,则需要对营养元素进行2~3周,甚至更长时间的调整。在调整期间,需要进行土壤检测,并注意对叶色变化的观察,待植株恢复正常生长后,再恢复正常的肥水管理。

追肥应在月季生长季节进行,一般进行4次。一是在萌动期,此时根系开始生长,地上萌动发芽,应追施复合肥,促进新生枝叶的快速生长。二是在花蕾期,此时切花月季萌芽展叶,根系生长进入高峰期,需肥量较大。三是在盛花期,此时养分不足将会直接影响鲜花产量和质量,应追施速效复合肥。四是在开花后期,此时枝叶逐渐停止生长,光能利用率高,光合效能强,营养积累增多,并向根部回流。每次每亩施用氮磷钾(15-15-15)复合肥10~20千克,具体用量可以根据当地土壤养分含量及往年用肥情况确定。如果有滴灌设施,追肥一般与灌溉相结合。如果无滴灌设施,则应采用土壤施肥和叶面追肥相结合的方法。按少量多次、薄肥勤施的原则进行。把肥料溶于水中浇施,在整个生育期可进行 3～5 次根基追施和叶面喷施相结合的方式施肥。在每个品种现蕾 75% 左右和花采收剩余 25% 左右时,分别进行一次全面的人工大肥浇施。并且对于接近采花期的植株,通过叶面喷施高效营养肥料的方法给植株补充营养。叶面喷施要均匀、全面,在晴天无风的早晨进行。施用化肥时,月季切花在营养生长期对大量元素氮、磷、钾的需求比例为 3:1:2,开花期为 3:1:3,中量元素和微量元素可以每月定期施用。尽量使用水溶性肥料,入秋后多施磷、钾肥,少施氮肥。生产中常见到两种情况,一是施肥不足,二是施肥过量。尤其是后者,更为严重,不仅直接造成浪费,而且污染环境,同时影响切花生产数量与质量。为了避免这一现象,应重点做好肥料类型、施肥方法、施肥频率和施肥数量的一致性研究,并与灌溉相结合,以提高肥效,满足月季在不同生育时期的肥料和水分的需要,实现肥、水的定量化与一致性管理,提高效率,节省人力、物力和财力。

2)滴灌施肥　如果棚内有滴灌设施,可以滴灌时结合施肥要求选用溶解性高的肥料。在产花期,每亩大棚每月施用硝酸钾 10 千克、硝酸铵 10 千克、尿素 5 千克、磷酸二氢钾 1 千克、硫酸镁 1 千克、螯合铁 100 克、硼酸 100 克,配成肥液后,结合灌溉施用,其他微量肥料根据植株状况进行调节。将肥料配制肥液时,要求 EC 值为 1.2～1.5,pH 为 5.5～6.5。在滴肥前,先滴清水 5～10 分,随后滴施肥液,滴完肥液后再滴清水 5～10 分。一般冬季每天施肥 1 次,在中午进行;其他季节每天施肥 1～2 次,分别在早晨和中午进行。

3)土壤埋肥　不采用滴灌施肥时,可以使用此法,将肥料埋入月季根际。参考施肥量为每月每亩大棚施用缓效三元素复合肥(氮:磷:钾比为 3:1:3)5～7.5 千克、硼酸 50 克、硫酸锌 1 千克。如果发现月季植株出现缺铁或缺锰症状时,可用 0.05% 的螯合铁或 0.05% 螯合锰进行叶面喷施。要注意,在实际生产中适当增施有机肥。有土种植切花月季时,每年需要添加一次腐熟的有机肥料,以保证切花月季生长发育对土壤有机肥的需求,添加时间以每年秋季和冬末为佳。每年添加有机质的用量,一般为 8～10 吨/亩,可以补充有机质的分解消耗,使土壤有机质含量达到 3%～5%。添加有机肥的方法是,在畦面的中部(行间)挖开深 30 厘米、宽 25～30 厘米的浅沟,然后直接添加有机肥,最后同土壤均匀混合。

(4)*增施二氧化碳气肥的技术*　作物进行光合作用的主要原料是二氧化碳和水。二氧化碳来自空气,靠空气流通不断补充。同时,也来自土壤中有机质被微生物分解而不断地释放。但是,塑料大棚进行月季切花生产时,由于棚室封闭严密,棚内空气流通不畅,二氧化碳成分较少。因此,可以在设施内增施二氧化碳气体肥料以补充,从而促进植株光合作用增强。据观察,通过人工增施二氧化碳气肥,植株叶片增厚,叶绿素含量增加,光合功能期延长,产量增加,一般可增产 20%～40%。

二氧化碳气体肥料的使用方法有多种,但是生产成本较低且易于推广的有以下几种:

1)点火法 每天8~10时,用无底的薄铁皮桶,桶底穿设粗铁丝作炉条,桶内点燃碎干木柴,燃烧释放二氧化碳。点燃时,一是要做到明火充分燃烧,防止产生一氧化碳等有害气体危害月季植株。二是要让火炉在室内作业道上移动燃烧,以免造成高温烤坏植株。三是要严格控制燃烧时间,单个大棚的燃烧时间每次不得超过30分,以免燃烧时产生的有害气体超量起副作用。点火法不但能够生产二氧化碳,而且可以提高室内温度,降低空气湿度。只要操作正确,增产增收效果显著。一般每天可点燃2次,一次在傍晚覆盖后点燃,另一次在拉开覆盖后1小时左右点燃。傍晚点燃,燃烧释放的二氧化碳,具有温室效应,可显著减少棚内的热量辐射,能明显提高夜间室内温度,降低室内的空气相对湿度,对保温和防病效果显著。

2)二氧化碳发生器法 即通过化学反应产生二氧化碳气体来提高空气中二氧化碳气体浓度,达到施肥增产之目的,并提高切花品质。二氧化碳发生器由储酸罐、反应筒、二氧化碳净化吸收筒、导气管等几部分组成。化学反应物质为强酸(如稀硫酸、盐酸)与碳酸盐(如碳酸铵、碳酸氢铵等),二者化学作用产生二氧化碳气体。现在设施栽培中,一般使用稀硫酸与碳酸氢铵反应,其优点是二氧化碳发生迅速,产气量大,操作简便易行,价格适中。反应的最终产物二氧化碳气体直接用于设施栽培,同时产生的硫酸铵又可作为化肥使用。

3)二氧化碳简易装置法 即在温室内每隔7~8米吊置个塑料盆或塑料桶,高度约1.5米,倒入适量的稀硫酸,随时加入碳酸氢铵,即刻能够产生二氧化碳气体。

4)直接施肥法 即直接施用液体二氧化碳或二氧化碳颗粒气肥等,如果条件允许,可以采用棚内燃烧沼气法,即在棚内建立地下沼气池,按比例要求填入畜禽粪便等与水发酵生产沼气,再通过塑料管道输送给沼气炉,点燃后燃烧产生二氧化碳气体。施用二氧化碳气肥的时期,一般在冬春季节进行温室生产切花时使用。最好在采花前后施用,此期使用特别有利于提高花蕾膨大和提高品质。具体施用时间一般在揭帘后0.5小时左右。夜间不覆盖草苫时,一般在日出后1小时以后,设施内温度达到20℃以上时开始施用,开始通风前0.5小时停止。二氧化碳气肥施用浓度应根据天气情况进行调整,晴天设施内温度较高时,二氧化碳气肥浓度要高些,阴天要低些。如果阴天设施内温度较低时,一般不施用,以免发生二氧化碳气体中毒。具体使用二氧化碳气肥时要注意以下几点:一是在使用二氧化碳发生器及简易装置时,应注意稀释浓硫酸时要将浓硫酸缓慢注入水中,千万不要把水倒入浓硫酸中,以免发生剧烈反应造成硫酸飞溅伤人。二是不能突然中断,即应提前几天逐日降低施用浓度,直到停止施用。三是施用二氧化碳气肥要与其他管理措施相结合,如可适当提高设施内的空气相对湿度及土壤湿度;在温度管理上,白天室内温度要比不施用二氧化碳气肥的高 2~3℃,夜间低 1~2℃,以防止植株徒长。四是在施用二氧化碳气肥的同时,要增施磷、钾肥,提高植株的抗性。

8. 季节管理

(1)冬季 以晴天为主,光照强,昼夜温差大。12 月底会出现短时期极端低温。许多地区昼夜温差大,对月季切花的干物质的积累很有好处,月季切花花头大,花瓣数多,花色艳丽。但冬季昼夜温差经常达到 20℃ 以上,昼夜温差过大,会造成许多月季切花品种花瓣边缘变黑和花朵畸形。月季切花生长最低的夜温要求在 8℃ 以上,夜温过低不利于月季切花的生长,主要影响发芽和抽枝,导致产量低。在每年的 12 月中旬至春节期间,北方大部分地区及南方部分地区都会有极端低温出现,最低气温达到 -10~-1℃,对保温性能较差的简易大棚容易出现冻害。

(2)春季至初夏 春季至夏初晴天为主、光照强,昼夜温差大,高温低湿并且有大风。利用自然通风降温和增加一定的通风降温设施,让月季度过短时的高温时期是十分必要的。春末夏初的低空气相对湿度气候(空气相对湿度低于40%),对需要一定湿度才能生长良好的月季影响较大。空气相对湿度过低影响月季切花的花色,甚至引起花朵外瓣的枯焦,严重影响月季切花的品质。并且低湿度适宜红蜘蛛、蚜虫等虫害的发生和蔓延。通过安装一定的设备,增加地面湿度和空气湿度,是最好的解决办法。实践证明,月季在春、秋两季通过增加湿度的处理,能显著提高切花品质。

(3)夏季 夏季高温、多雨、光照不足,南方地区进入夏季后,出现持续时间较长的连续阴雨天气,对月季的生长不利,湿度高、光照低常引起病虫害的暴发。因此,需要增强通风排湿和防治病虫害设施。

(4)秋季 秋季气温逐渐转为凉爽、雨水变少、光照充足,病虫危害也较轻,气候环境较适宜月季切花的生长,植株生长较快,应注意保持水肥的均衡供给,确保月季切花高产优质;对已过剪花高峰期的植株进行折枝和整枝处理,并增施有机肥,促进植株快速生长,为冬季切花做准备。进入晚秋后气温变冷,大棚内因夜间温度低而湿度增大,易诱发灰霉病、霜霉病,应注意做好夜间的保温措施,并控制夜间大棚内的湿度。

设施切花月季的主要生产类型及栽培日历如表 6-1 所示。

表 6-1　设施切花月季的主要生产类型及栽培日历

栽培类型	1月	2月	3月	4月	5月	6月	7月	8月	9月	10月	11月	12月

注:△,定植;⊙,摘心;×,剪枝或捻枝;●,采花期间;+…+,加温期间。

(二)盆栽月季周年生产技术

1. 品种选择

目前盆花月季栽培品种已达 2 万余种,其类型既有直立灌丛型、匍匐型、攀缘型之分,又有大花型、聚花型、微型之别。盆栽月季的选择要从月季花的生物学特性着手,除此之外,还应该从月季花的形态、色彩、管理等方面进行综合的考虑。

(1) **花色与花型**　盆栽月季以观赏为主,盆花月季要求花色纯正、颜色丰富多彩,此外,花型也是选择的重要条件之一,以重瓣、翘角、卷边、高心型的花型为佳。

(2) **株型**　盆栽月季移动频繁,根据不同的用途需要,应选择适宜不同用途的盆花月季品种。要求高度适中、株型紧凑,如果株型过于高大,则会限制其在盆土中生长。同时应选择分枝多、直立丛生的品种为主要的盆栽品种。

(3) **品种的抗性**　应选择抗病虫害强的品种,盆栽月季的摆放多为集中展示,密度大,通风条件受到限制,是引起病虫害的客观条件,一盆受害,能迅速感染一片,蔓延迅速。展示场所不宜喷药防治,因此对于在室内、厅堂等处摆用的盆栽月季,必须选择抗性强的品种。同时摆放场所的光线条件不一,有的阳光充足,有的只有散射光,光线很暗,因此在进行选择时,应根据摆设地的环境条件进行品种的选择,如品种中的某些特性耐晒、耐阴或较耐阴,以及光的强弱对花色的变化的影响,如褪色、变色、不能盛开等。

特殊用途的盆养月季,如树状月季、案头月季、盆景月季等的品种选择,针对性强,一种或数种一盆,选择的难度更大。需根据应用的要求,分别对待,精心选择。

盆栽月季应选择高度适中、株型紧凑、密枝丛生、花繁叶茂、开花数量大的品种,此外,所选品种还应适合当地气候,对当地的极端气候有一些抗性。此外,某些藤本类月季经过人工的造型后,用于盆栽也具有理想的观赏效果。现市面上流行的阳台月季、欧洲月季都很受大众欢迎。阳台系列是国内近年来新引进来的一个月季系列,介于迷你月季与小个大花的灌木月季之间,花朵大,个头小,是目前盆栽月季的主流。

2. 种株圃建设

建设供应扦插枝条生产的种株圃是做好盆花月季生产的首要条件。种株圃的规模大小根据盆花生产的需要确定。一般生长健壮、管理良好的母株每一季可生产扦插枝120枝左右,以扦插成活率92%计,一年产枝2次,每母株每年可提供有效扦插枝220枝左右。以株行距60~70厘米栽植,所需植株的数量与用地面积可以推算确定。同一品种的月季要集中栽植,这样便于管理,便于枝条采集。微型月季每棵母株每季可产扦插枝50枝左右,栽植株行距40~50厘米。种苗以扦插苗为主,要求生长健壮,高度为25~40厘米,根系发育良好,根粗壮。母株必须健壮、抗病。要认真剔除病毒病、根瘤病株。

3. 扦插育苗

(1)**夏季扦插** 6月下旬至7月初去蕾后的枝条生长成熟后(腋芽饱满但未萌发),应结合夏季修剪完成扦插育苗的工作。插条选用无病虫,生长强壮,腋芽饱满,节间短的枝条。插条长10~13厘米(3个芽)为宜,微型月季长5~7厘米。下剪口应在节下0.3~0.5厘米处剪成45°斜面。剪刀要锋利,切口表面要平整。上剪口距上面侧芽1~2厘米剪成45°斜面,防止积水。最上面芽只带1~2片小叶。扦插前使用生根剂浸蘸处理,促进生根。扦插使用配制基质,沙:泥炭:珍珠岩为1:1:1。配制好的扦插基质用800倍甲基硫菌灵溶液消毒。扦插使用10厘米×10厘米的营养钵,装满基质后插条插入深度4~5厘米。同一品种排列摆放在一起。采用全光照间断式喷雾育苗,在25~30℃每天12~14小时光照的条件下,3~4周可生根。

(2)**冬季扦插** 入冬后结合冬季修剪进行。从修剪下来的枝条中选无病虫、生长强壮、木质部充实、腋芽饱满的枝条。除枝条上不能带小叶外其他处理方法与夏季扦插枝条相同。插入枝条的营养钵要紧密地摆放在光照充足的阳畦苗床内,浇足水后使用透明薄膜覆盖越冬,透明薄膜需扎孔透气。春季气温回升转暖,在晴天气温较高的中午,将薄膜逐渐掀开通风,使月季幼苗得到锻炼,并要很小心地拔除杂草。气温稳定后再去除薄膜。

(3)**幼苗管理** 无论夏插苗还是冬插苗,当地下部生根,地上部新芽抽枝生长到15~

20厘米时都要把花蕾剪除,并要把枝顶扭伤而不剪断,促进下面的侧芽抽生新枝。新生的幼苗一般不追肥,但要及时浇水避免失水干死。要随时拔除杂草以免影响幼苗生长。

4. 盆栽管理

(1)**夏苗管理** 8月上旬将已经成活的夏插苗移入18厘米×16厘米(微型月季16厘米×14厘米)的营养钵或瓦盆中。盆土使用20%园土(地表熟土),30%腐熟的厩肥,40%腐殖土(或泥炭),10%珍珠岩混合而成。要求达到疏松透气,排水良好,有肥力。并把植入幼苗的营养钵(花盆)以40~50厘米(微型月季30~40厘米)的株行距排列摆放在铺填沙子的植床内,四周用沙子充填,浇透定苗水。要科学水肥管理及病虫害管理,促其健壮、迅速生长。9月上中旬将新枝花蕾去掉并扭伤枝条,促其从基部再发新枝。入冬后剪去弱枝、病枝,只保留强壮枝2~3个芽。并浇透冬水,露地休眠越冬。当地气温低于-15℃时要采取覆盖、埋土等保护措施。

(2)**冬苗管理** 成活后的冬季扦插苗,第二年4月上中旬将幼苗移入16~18厘米(微型月季14~16厘米)的营养钵或瓦盆内。使用的盆土和苗床与夏季扦插苗相同。5月上中旬要摘除花蕾扭伤枝条,促其从基部发枝。7月上中旬再次去除花蕾扭伤枝条,促使再次生枝,并控水停肥强迫休眠。8月上旬后要加强肥水管理促其快速生长,并随时摘除花蕾减少营养消耗。

5. 盆栽容器

盆栽月季不宜选用渗水、透气性差的水泥盆、瓷盆、紫砂盆,会引发月季烂根。最佳的盆栽容器是瓦盆、泥盆,这两种盆通气、渗水性能好,但分量重、易破碎;而塑料盆分量轻、运输方便,形状、色彩各异,不易破碎。因此,从成本以及运输角度考虑,以选用塑料盆为宜。盆栽容器规格因植株苗龄不同而不同。口径为15~20厘米的盆适用于一年生的植株;口径为20~25厘米的盆适用于二年生的植株;三年生的植株宜用口径为30厘米的盆。

6. 盆栽基质

月季喜疏松、肥沃、排水和透气性良好的土壤。盆栽所用基质种类很多,包括腐殖土、园土、椰糠、河沙、陶粒、泥炭、珍珠岩、蛭石、煤渣。其中,商品生产中以泥炭、珍珠岩最为常用,一方面此类基质重量轻,另一方面排水和透气性都非常好,二者的体积比为2:1。基质使用前先用0.5%高锰酸钾溶液浇透,主要目的是进行基质消毒。然后将混配好的基质与充分发酵的厩肥或缓释肥混配拌匀,并调节pH在5.5~6.5,pH偏碱性,可多混入厩肥、堆肥等有机质来调节,经高温发酵后,可消灭其中的病菌和虫卵。偏酸性则可用草木灰、石灰等中和。根据苗龄的大小来配置培养土的土肥比例,当年生(一年生)小苗,土肥比例为1∶1,二年生以上的大苗,土肥比例为2∶3,而大苗的根系发达,吸肥力强,消耗也多,可采用3∶7的土肥比例。

7. 移栽

月季的移栽以春、秋、冬季为佳。春季、秋季一般在阴天或傍晚,冬季在晴天的中午。移栽的具体方法是:先在盆底放几片碎瓦片或粗煤渣,然后放入部分基质,将扦插苗平整地放在基质上,再放入基质,边放边轻拍盆边,最后将基质轻轻压实,基质离盆口留3厘米,并浇透定根水。移植好的盆栽应放置在空旷、通风、阳光充足的地方。移栽当天或第二天应用75%百菌清可湿性粉剂1 000~1 500倍液或50%多菌灵可湿性粉剂800~1 000倍液进行喷雾杀菌。当叶片坚挺、叶色泛绿即视为植株成活,随后便可纳入日常管理。

8. 苗圃管理

入冬后,当气温降到5℃以下月季进入休眠期。应适时完成苗圃月季的冬季修剪和越冬管理工作。冬剪一般采用重剪,整个植株只保留3~4个骨干枝条。每个枝上留2~3个腋芽,离地面20厘米以上处剪断。要彻底清理枯枝、败叶和杂草,集中焚烧;要深翻土地施足底肥(以厩肥为主),浇足水分。冬季温度低于-15℃时应采用地面覆盖、埋土等措施保护。植株安全越冬,开春后要及时松土、锄草、追肥。但要控制浇水,避免地温降低影响春季发芽生长。

6月下旬,当去蕾后的枝条生长成熟后(枝端腋芽不能萌发),应结合夏季扦插育苗及时完成夏季修剪。在株高50~60厘米处将以上强壮枝条全部剪去,并剪去病枝、弱枝、交叉枝。此时北方地区进入干旱、炎热、高温、少雨的夏季。对苗圃月季应控制浇水和掩肥,强迫休眠。从8月上旬开始,应适时浇水施足追肥,促其枝条萌发快速生长,并要适时再次摘心,促进侧枝生长,生产更多的枝条。

(1)温度 月季的昼夜生长适温不同,白天为15~25℃,夜间为10~15℃,昼夜温差在6~10℃最好。当温度低于5℃或超过32℃时,月季即进入休眠或半休眠状态,花芽不再分化;当温度超过35℃,枝条会枯死。当土温超过30℃,根系停止活动,而一旦土温超过35℃,根系开始死亡。因此,夏季要适时降温,温室栽培的可通过开启遮阳网或遮阴纱,启动风机湿帘,达到降温目的;露地栽培的盆栽月季可利用各种喷雾或喷水装置降温。冬天要注意及时保温,温室栽培采取加热升温措施,露地栽培可以覆盖草。

(2)光照 月季是喜光植物。每天要求有6小时以上的光照才能正常生长。补光及遮阴措施参照切花月季的周年生产技术。

(3)水分管理 月季浇水要遵循见干见湿,不干不浇,浇则浇透的原则。浇水时间因季节不同而不同。春季在10时左右浇水,夏季在7~8时浇水1次或17~18时浇水1

次,应避开中午高温时段浇水。夏季高温蒸发量大,忌干燥脱水,每次浇水应有少量水从盆底渗出为度。初秋可参照夏季的浇水时间,秋季中旬浇水时间早、晚均可,深秋浇水宜在中午。冬季的浇水宜在晴天中下午时段。根据植株的不同生长期,盆栽月季的浇水也有所不同。幼苗期萌发新芽,但根系吸收水分能力差,9 时视盆土干湿情况酌量浇水,2 ~ 3 小时用喷头喷洒,不但满足盆土浇水的要求,还可保持地面湿润,减少盆中水分蒸发,有利于植株的生长。展叶发枝的营养生长期,植株生长旺盛,适当增加水量。花芽分化期,要适当控水,以防徒长不孕蕾。进入孕蕾期要多浇水,以利花蕾发育。开花期则要适当少浇水,防止花蕾早谢。进入休眠期要少浇水。

(4)**施肥管理** 施肥要遵循勤施、少施、淡施的原则。一般以充分腐熟的有机肥为主,长期以追肥为主。每 7 ~ 10 天施 1 次,施肥后第二天,要浇"回头水",防止肥害。施肥在晴天的傍晚进行,施料应根据植株长势、生长发育阶段等实际情况进行适时适量的补充。萌芽展叶前,可追施稀薄液态饼肥,使枝壮叶茂。初春萌芽时多施氮肥,在生长旺盛期,应每 7 ~ 10 天施稀薄液态饼肥 1 次。花芽分化至孕蕾期追施腐殖酸液态肥,并结合叶面施肥,使用 0.2% 磷酸二氢钾进行叶面喷雾。显蕾后减少氮肥,增施磷肥,7 ~ 10 天施 1 次,宜用液态肥。显蕾后每隔 4 ~ 5 天用 0.1% 磷酸二氢钾稀释液喷布花蕾和叶背面,加速花蕾膨大。花期不施,花后补充磷肥。从中秋到深秋,应多施磷肥,一方面促使多开花,另一方面可让植株积累养分,提高抗寒力。夏天温度高,月季进入半休眠期,不施肥。盆栽月季生长、开花养分消耗多而快,除上盆时要施足底肥外,生长季节应每 2 ~ 3 天施稀薄饼肥液一次,每 10 ~ 15 天用氮、磷、钾比例是 1:1:3 混合化肥追施 1 次。施肥要贯彻薄肥勤施的原则。

(5)**整形修剪**

1)修剪 修剪病虫枝、枯枝、弱枝、重叠枝和交叉枝的修剪贯穿于整个月季的生长周期。此外,还应对月季分 3 个阶段进行修剪:冬季修剪、花后修剪、夏季修剪。每年的 12 月至翌年 2 月是冬季修剪的最佳时机。进入休眠期的盆栽月季要进行重剪,留 3 ~ 4 个呈丛状形分布的主枝,留下的主枝约为全株的 1/3,保留芽 3 ~ 5 个,剪口处的芽朝外。花后修剪需要根据植株的具体开花情况来定,一般分为 2 次,5 ~ 6 月可进行第一次花后修剪,6 ~ 7 月可进行第二次花后修剪,10 月末至 11 月初可进行顶花修剪。花后修剪以中度修剪为宜。剪去植株的 1/2,所留枝条带 4 ~ 5 个芽。夏季修剪在 8 月末至 9 月初。夏季气温高,月季进入半休眠期,集中回剪枝叶,修剪到整体的 2/3 ~ 3/4,每根枝条保留叶片 3 枚以上。同时,夏季一般不让其开花,在新枝长 10 厘米时摘心,直到 9 月初。

2)整形 整枝月季的整形方式以丛状形为宜。若主枝皮色暗黑,应从基部疏去,用基部新生枝代替;若主枝皮色青嫩,实行重剪,继续培养;若主枝数量过多,留 3 ~ 5 个丛生枝,剪除弱枝、病残枝和交叉枝。

3)抹芽 在萌芽时,抹去多余的芽和位置不好的芽,减少养分消耗。除主枝上留 2 ~

3 个外,其余的统统抹除。

4）疏蕾　新上盆的幼株,第一次花蕾要及时摘除,使它积累养分促枝发棵。花蕾形成后,若数量过多,应摘除部分花蕾。对单枝开花的杂交茶香月季,保留中心的花蕾,其他的侧蕾都可摘除;对丰花、壮花月季,为保证同时开放大量花朵,摘除主蕾和部分过密的小蕾,可使花期相对集中。南方地区夏季温度较高,月季长势较差,为避免消耗养分,出现的花蕾应及时摘除,这样,可积累更多的养分为秋冬季节产花提供基础。促枝季当新发枝梢长到 15～20 厘米(微型月季 10 厘米左右)时,应在距顶端 3 厘米左右处将顶部去掉,激活下面的侧芽,继续抽生侧枝。侧枝生长到一定长度仍要摘心 1～2 次,引发多生枝条满足生产插穗需要。当再生枝花蕾展红欲开时,要统一去掉花头,减少养分消耗,促进枝条成熟。

5）除残　在花朵凋谢后及时剪去花朵及其以下的 2 个复叶,避免花朵附近的腋芽萌发弱枝,开出畸形小花。花谢后要立即剪除残花,一方面是由于残花影响美观,另一方面则是避免养分的消耗。除残的方法是:从花朵往下数,在第二片 5 小叶上剪去残花,保留第二片 5 小叶上的腋芽。

6）清除杂草　盆内杂草、青苔要及时清除,可减少病虫的滋生传播。

(6) **翻盆换土**　翻盆换土是盆栽月季的关键技术之一。当根系充斥整个花盆,根条相互缠绕即可换盆。2 月底 3 月初是换盆的最佳时机。植株大小以及盆的大小共同决定着换盆的期限。盆径 20 厘米以下、枝直径 1 厘米,1 年 1 次;盆径 25～30 厘米、根基直径 2 厘米、有多个枝权的,2 年 1 次。换盆的时间应该在基质很干时进行,主要原因是基质干透了,基质和盆之间就有空隙,这个时候用木条从底孔顶推底端的盖片即可轻易将基质团推出而不损伤植株。将基质团削去周围的宿土:基质团为 20 厘米的,削去 1.5 厘米,底部削去 1.5 厘米;25 厘米以上的削去 2～3 厘米,底部 2 厘米。盆可用原盆,也可用比原盆大一圈的盆。底孔用碎瓦片遮盖孔洞,铺上 2～3 厘米厚的利水层,倒一层 3 厘米的基肥,再盖一层基质,将基质团放盆中央,使基质团距盆口 3 厘米,四周填上基质至基质团上平面,轻轻压实基质,浇透水放置半阴凉处,1 周后转入正常管理。

9. 花期控制

北方花卉市场主要集中在元旦、春节、五一节和国庆节前后。盆花月季虽然经过科学管理,一年四季均可供应上市,但其他时间市场销售并不看好,也为生产管理造成了很多不便。为获得良好效益,应根据花卉市场需求组织生产,应时上市。

(1) **元旦、春节市场**　主要指每年 12 月下旬至翌年 2 月中旬。有元旦、春节等重要节日,也是花木花卉销售的旺季。上市的盆花月季一般使用冬季扦插苗。经过近一年的培养生长,植株已具备了较强的长势。10 月中旬以后每间隔 7 日分 3 批对盆栽苗进行修剪。修剪后的植盆(钵)要及时移入日光温室内,以 40～50 厘米的株行距摆放在铺有底沙的植床内,用沙土充填四周。入冬后,要根据每天的气候情况和室内温湿度,及时掀开或覆盖遮盖物,随时调温控湿。北方冬季寒冷,阴晴多变。棚内月季要想保证确切的开花时间,操作管理比较困难,还要投入更多的煤、电能源,增加生产成本。经济有效的方法是早修剪,早进入温室,让其在自然温室内生长孕育花蕾。实践证明只要夜间温度不低于5℃,月季花蕾就可不断生长,这为冬季花卉市场供应周期长、时间段多等特点创造了极好的调节空间,给生产带来了极大的方便。根据对花卉市场的预测,供花前15~20天将显蕾的盆花移入到可人工增光加温的温室内。人工加温,保证室内温度在25℃左右,夜间保持在16℃以上,并要根据天气的阴晴变化人工增光,保证每天光照不少于9小时,促进花蕾膨大张开。张开后的盆花可随时上市,或再移到低温环境待机上市。

(2)**国庆节市场** 国庆节市场指9月中旬到10月中旬,是市民购花和各种会议及商务活动用花的高峰。夏秋之交北方气候宜人,也是月季生长的最佳时期。在这一时期,盆花月季不需要特殊管理就能生长良好。对国庆节前后上市的盆花月季,管理的关键技术是掌握好修剪时间。根据北方夏秋气候条件,月季从整枝修剪到开花一般需要45~50天。可以根据上市供花的时间向前推算修剪的时间。国庆节盆花市场使用前一年冬季的扦插苗。经过夏季控水强迫休眠,修剪后只要加强肥水管理就能迅速生长。修剪后的植盆要移入塑膜大棚中管理,避免秋季雨水过多造成内涝和黑斑病等病害的发病蔓延。

(3)**五一节市场** 五一节市场指4月中旬到5月中旬。此期间春光明媚,百花盛开,是人们享受自然美景的大好时间,也是各种春季商务、会议活动的高潮期,迎来了花卉销售的旺季。供应五一节市场的盆花,主要使用越冬的夏插苗。经过前一年夏秋季生长和冬季休眠,从3月初开始,每间隔7天分3个批次将已经萌发的盆花苗移入日光温室,加强肥水,室内温湿度及防病虫害管理。随着春天气温的逐渐升高,从4月中旬开始就会有盆花不断出室。显蕾后的植株要及时移出温室,放在荫棚下,在较低的温度下保持花蕾,寻找商机。

10. 生产月历

1~2月,1月上旬与2月下旬各喷1次稀释5倍的石硫合剂。虽天气比较干燥,仍需有充足的水,并进行修枝。

3~4月,始发嫩芽,即开始施以氮为主的肥料。注意病虫害的发生及防止白粉病与黑斑病的蔓延,可用1 000倍托布津或500倍多菌灵与除虫药混合使用加以防治。发芽时期浇水可多些,剪去多余的枝芽,新购的花及新苗如需地栽应及时种下。

5~7月,开始开花,应增加磷肥及钾肥,每月2~3次,除此以外用10克过磷酸钙,5克硫酸钾溶解于10千克水中,在开花前增施2次,每株施50克。在第一轮花开后喷除虫药或多菌灵,托布津交替使用直到秋季。盛花季节,花后要注意修剪,藤本月季要及时绑扎。

8月,施夏肥,量为基肥的一半,下旬开始进行秋季修剪。

9～10月，整枝后，为促使发芽开花，施以磷、钾为主的肥料，在开花前15天施1次，盛花期时施用的化肥溶液50克/株。秋天多雨，特别注意黑斑病的发生，要集中喷多菌灵或托布津。

11月，每株加施氧化镁50克，下旬开始落叶时要喷药，以防虫卵潜伏过冬，二年生植株下旬可进行翻盆，寒冷地区必须到二三月才可翻盆。

12月，施冬肥，每株施充分腐熟的牛粪500克，下旬喷稀释7倍的石硫合剂。同时进行整形修剪过冬。

（三）无土栽培技术

由于国外温室自动化程度高，切花月季无土栽培在国外已经广泛应用，温室内部的环境因子可以自己监控与调适，结合无土栽培技术，可以提供给植株最佳生长条件，所以可以使切花月季周年生产出大量高经济价值、高品质、整齐一致的切花，提高切花月季的观赏品质及经济价值。无土栽培切花月季有较高的经济效益。20世纪80年代以来我国也开始引进这种栽培模式，无土栽培出的月季产量和品质明显高于土壤栽培，无土栽培切花产量高，颜色鲜艳，花朵大，花瓣硬，瓶插时间长。花径也大，高等级花枝数量多。

1. 品种选择

作为无土栽培的切花月季，具有其特殊的要求，主要包括以下几个方面：

（1）**切花品质好** 植株生长强健，株型直立，茎少刺或无刺，直立粗壮，耐修剪。花枝和花梗粗长、直立、坚硬；叶片大小适中，有光泽。花色艳丽、纯正，最好具丝绒光泽。花型优美，多为高心卷边或高心翘角；花瓣多，花瓣瓣质厚实坚挺。水养寿命长，花朵开放缓慢，花颈不易弯曲。

（2）**栽培管理方便** 抗逆性强，可根据不同栽培类型的需要而具有较好的抗性，如抗低温能力、抗高温能力、抗病虫害能力，尤其是抗白粉病和黑斑病能力。耐修剪，萌枝力强，产量高。

2. 栽培基质的配制

在切花月季的无土栽培生产中，栽培基质无疑是影响切花产量与品质最重要的因素之一。目前无土栽培基质已经越来越多地取代传统的土壤成为生产者的首选，而无土栽培基质的不断创新也是未来切花月季栽培发展的趋势。现在荷兰的切花月季几乎全部采用无土栽培进行生产，而其他主要的切花月季生产国，如日本、以色列、美国等也占有相当比例的无土栽培面积。选择切花月季无土栽培生产的栽培基质时，首先要考虑各基质的优缺点以及成本。我国主要的无土栽培基质及各自优缺点如下：

（1）**蛭石** 云母族次生矿物，由黑岩母经热液蚀变或风化而变成。含铝、镁、铁、硅等,孔隙度大,质轻,通透性良好,持水力强,pH 中性偏酸,含钙、钾也较多,且无病虫害。

(2)**岩棉** 为 60% 辉绿岩、20% 石灰石和 20% 焦炭经 1 600℃高温处理,然后喷成直径 0.5 毫米纤维,再加压制成。质轻,孔隙度大,通透性好,但持水性差,价格高。

(3)**珍珠岩** 天然的铝硅化合物粉碎后,经加热至 1 000℃以上后形成了这种膨胀材料。虽不能独立栽种植物,但因其可增加土壤的透气性,常被用作土壤添加物,适合栽种任何植物。

此外,一些切花生产者还用到过砻糠灰、煤渣、草炭、河沙、泡沫塑料颗粒、锯末与木屑等栽培基质。

根据实验研究,使用草炭(40%)+蛭石(30%)+珍珠岩(30%)的复合基质种植月季效果较好,该基质酸碱度适合,排水透气性好,易消毒,地下病虫害少。在无土栽培中可选用草炭、蛭石、珍珠岩,按 4∶3∶3 混合均匀,将基质放入种植床中,将切花月季种植于基质中,安上滴灌管,定植后 1 周内浇灌清水,1 周后,定时定量供应营养液。

盆栽无土基质选择蛭石、陶粒、珍珠岩等的混合基质或单独使用陶粒。月季根系在其中生长一段时间后,可以取出用水冲洗,除去盐分,同时进行根系修剪,促进新根生长并形成紧凑型根系,有利于盆栽管理。还可选用有机与无机混合物,如泥炭与沙的混合物,以及锯末、刨花等均为上品基质。盆栽月季的基质厚度以低于盆边 1 厘米为宜。如有滴灌装置,可将输液管直接插入盆内。如有营养雾装置进行培养,月季生长更快,质量更高。

3. 灌溉系统的安装

切花月季的无土栽培常采用浇液式供液系统,该系统的特点是根据基质保水量和植株蒸腾量的相互平衡,定时补给营养液,营养液的流动为非循环式,溢出的液体为弃液,这种方式使土地传染性病害难以传播,而且结构简单,造价低。系统管道分干、支、毛三级。干管位于每栋温室的右侧 1 米处,埋于地下 0.8 米深,干管管径为 50 毫米。每栋温室设一条支管,位于畦一侧的短墙上,支管口设一闸阀,支管管径为 25 毫米,长 57.18米。每条畦设两条毛管,毛管为滴灌带。每条毛管长 5.3 米,出水口间距为 30 厘米,滴灌带安装在地面上。

采用滴灌装置,既能降低成本,又能保证设备的有效性;采用营养液池,能直接将配制好的营养液用于植物吸收;采用小水勤施,能保证植株对营养的需求,同时减少营养液的浪费,这种方式可节水 65%。

4. 营养液的配制及管理

在配制营养液时,首先必须对使用的水源进行分析,了解水中的含盐量,特别是钙、镁离子的浓度,在计算营养液中肥料的使用量时应将其考虑在内。对月季花叶片的营养分析表明,叶片中含氮 3.0%、磷 0.2%、钾 1.8%、钙 1.0%、镁 0.25%,为了满足月季花对营养的要求,营养液中的主要元素的含量必须达到氮 170 毫克/升、磷 34 毫克/升、钾 150 毫克/升、钙 120 毫克/升、镁 12 毫克/升。营养液使用滴灌法、喷雾法或水浇法灌溉。月季花对营养的要求较高,定植期间的需肥量较低,大量开花之前需要大量的养分。表 6－2 与表 6－3 分别列出大量元素的营养液配方和微量元素在营养液中的用量。

表 6－2　月季大量元素营养液配方

化合物(元素)名称	化合物(元素)浓度
硝酸钙[$Ca(NO_3)_2 \cdot 4H_2O$]	0.49 克/升
硝酸钾(KNO_3)	0.19 克/升
氯化钾(KCl)	0.15 克/升
硝酸铵(NH_4NO_3)	0.17 克/升
硫酸镁($MgSO_4 \cdot 7H_2O$)	0.12 克/升
磷酸(H_3PO_4,85%)	0.13 克/升
氢离子	0.316～1.0 微摩/升（pH 5.5～6.5）

表 6－3　营养液微量元素用量(各配方通用)

化合物名称	化合物(元素)浓度
乙二胺四乙酸二钠铁 [$Na_2Fe-EDTA$（含 Fe 14.0%）]	51.3～102.5 微摩/升
硼酸(H_3PO_3)	46.3 微摩/升
硫酸锰($MnSO_4 \cdot 4H_2O$)	9.5 微摩/升
硫酸锌($ZnSO_4 \cdot 7H_2O$)	0.8 微摩/升
硫酸铜($CuSO_4 \cdot 5H_2O$)	0.3 微摩/升
钼酸铵[$(NH_4)_6Mo_7O_{24} \cdot 4H_2O$]	0.02 微摩/升

5. 修剪技术

在无土栽培时,常使用折枝修剪技术。该方法是用折枝技术代替传统修剪法,将达不到切花标准的花枝轻轻折弯,使其木质部断裂而韧皮部相连,从而使月季植株保留更多的叶片进行光合作用,以制造碳水化合物。这一技术使得月季的生长更加整齐一致,产量和品质大大提高。此外还省去传统修剪的过程,使切花生产更节约劳动力。折枝修剪可提高一、二年生切花月季的产量和品质,但对产量和品质的提高效果与品种特性有关。

同时折枝还可促进切花月季水枝萌发和提高水枝质量。

七、病虫草害防治技术

（一）月季侵染性病害及防治

1. 白粉病（图 7-1）

（1）**症状危害**　白粉病是月季栽培中的重要病害之一，该病的发生可引起叶片卷曲、枯黄，叶面凹凸不平，嫩梢枯死，花蕾不能正常开放或花姿不整等现象，严重影响了月季的生长和观赏价值。白粉病初次侵染多出现于5月中下旬，6~7月开始向全株蔓延。感染白粉病的植株最显著的特征是受害部位的表面布满白色粉层。最易受感染的是月季中上部的嫩叶、嫩枝及嫩花蕾。嫩叶染病后，叶片正面或者背面会出现红色或者红褐色的小斑块，叶片小斑块处开始皱缩、变厚，严重时叶片反卷呈畸形，并且有细微的白色颗粒。后期白色颗粒变多，逐渐形成一层粉末状；严重时枝条、嫩尖、嫩叶上布满白色粉末。老叶染病后，叶面褪绿，出现近圆形的黄斑。嫩梢染病后生长受阻。花梗及嫩梢的染病部位膨大并向地面弯曲。花蕾染病后，花姿畸形，甚至不能开放，花色也随之发生变化。白粉病严重时会导致植株的叶片枯萎、脱落。

图 7-1　月季白粉病

（2）**发病条件**　白粉病的病原为蔷薇单丝壳菌，大多数菌丝体为表面发育寄生，孢子萌发后以吸器伸入植物表皮细胞内吸取营养从而进行繁殖。肉眼可见的白色粉层则为菌丝体、分生孢子及分生孢子梗，分生孢子梗短，直立，顶端着生分生孢子，孢子无色，卵圆形或桶形,5～10个串生。菌丝体在感病植株的休眠芽内越冬,翌年春天气候适宜时,芽一展开便布满白粉,这些分生孢子借助风及气流传播到幼嫩组织上,在适宜的环境条件下萌发,并通过角质层和表皮细胞壁进入表皮细胞进行危害。白粉病在温暖、潮湿的环境中发病较为严重,因此3～5月、9～11月为白粉病的发病高峰期。月季栽培环境为17～25℃,且空气相对湿度较高时,较易发病。施氮肥过多,土壤缺少钙或钾肥,密植,通风透光不良的情况下发病严重(症状表现为植株生长过于快速,叶片肥大水嫩,徒长)。温度变化剧烈,土壤过干则使寄主细胞膨压降低,会减弱植物的抗病能力,有利于白粉病害的发生。

(3)防治措施

1)加强栽培管理 注意合理通风、控制栽培环境的温度及空气相对湿度,监控土壤湿度,避免高温、高湿的栽培环境。合理施肥,缺钾和过量使用氮肥会使枝叶软、薄,月季容易感染白粉病,适当增施磷、钾、钙肥,以增强植株长势,保持健壮的植株,增强植株的抵抗力。适时修剪整形,改善植株间通风、透光条件,避免植株种植过密,时常检查月季植株的健康状况,发现病体要及时去掉病梢、病叶及病蕾,彻底消灭病原,避免传播蔓延。

2)药剂防治 注意做好杀菌、杀虫的消毒工作是预防月季白粉病的关键。在早春月季植株发芽前喷洒3～4波美度石硫合剂,消灭在芽鳞内越冬的病原,硫黄熏蒸法是控制白粉病的重要方法,既可防治白粉病,又可防治红蜘蛛。春季发病初期可使用70%代森锰锌可湿性粉剂500～800倍液喷雾,百菌清、多菌灵轮换喷洒,或70%甲基硫菌灵可湿性粉剂1 000～1 500倍液,或15%三唑酮可湿性粉剂1 000倍液等均有良好的防治效果。三唑酮的残效期可达20～25天,喷药后侵染部位的白粉层变成暗灰色,干缩并消失。在高温高湿的发病高峰期,施药间隔要缩短。喷药时应注意避免中午太阳直射,在晴天8～10时,16～19时无风时喷洒为佳。喷施时应先喷叶片背面,水压要大,冲掉孢子和菌群,之后喷正面,冲掉白粉粉末,使药液能够有效残留在叶片上。

3)选用抗病品种 进行抗病育种,增强品种的抗性,是防治白粉病的重要措施之一。

2. 灰霉病(图7-2)

(1)症状危害 月季灰霉病主要发生在月季的叶缘和叶尖,在植株的花、花蕾及嫩茎上都能发病。受害部位密生灰色霉层。侵染的初期发病部位呈水渍状淡褐色斑点,光滑稍有下陷,然后扩大、腐烂。花蕾发病时会出现灰黑色的病斑,严重时阻碍花蕾的开放,病蕾会逐渐变成褐色并枯死,极大地影响花的品质。月季花朵受到侵害时,花瓣上出现红褐色凹状的小斑点,花瓣皱缩、腐烂。折花之后的枝端也同样会遭到灰霉病的侵害,如果将采收后的病枝放入冷库,病害会进一步发展。在温暖潮湿的环境下,灰色霉层可以完全长满受侵染部位。

（2）**发病条件**　灰霉病的病原属丝孢纲、丝孢目的一种真菌。冬天，病菌以菌丝体或菌核的形式潜伏于发病的部位，翌年环境合适的条件下，分生孢子借助风力、雨水进行传播，侵入方式有从伤口侵入及表皮侵入两种形式。月季花凋谢后，如花和花梗不及时摘除，灰霉病便会在衰败的组织上先发病，然后再传染到健康的花及花蕾上。灰霉病多发于早春、晚秋、冬季等低温高湿光照少的环境。灰霉病菌繁殖的最适温度为15℃左右，而病菌在2℃以下、21℃以上时则受到抑制。高湿也是发病的重要原因之一，在空气相对湿度大、温度低的栽培环境中，灰霉病更容易发病。

图7－2　月季灰霉病

（3）**防治措施**

1）加强栽培管理　控制栽培环境，温室着重通风换气，注意昼夜温差，避免温差过大；空气相对湿度不宜过高；适时修剪整形，改善植株间通风、透光条件；避免在叶缘、花瓣上滞留水分；及时剪除凋谢的花朵，尽量在晴天修剪，有助于伤口的愈合；及时彻底清除染病部位，减少侵染来源。

2）药剂防治　灰霉病发病初期可使用1:1:100倍波尔多液，每2周喷洒1次。发病后可使用喷雾法、烟雾法和粉尘法进行治理，喷雾法使用50%腐霉利可湿性粉剂2 000倍液，或50%扑海因（异菌脲）可湿性粉剂1 000~1 500倍液，或50%甲基硫菌灵可湿性粉剂500倍液，或50%多菌灵可湿性粉剂500倍液，或70%代森锰锌可湿性粉剂500倍液喷雾7~10天喷洒1次，连续2~3次，每次喷洒药液量每亩50~60千克。烟雾法可用10%腐霉利烟剂每亩200~250克，或用45%百菌清烟剂，每亩2 250克，熏3~4小时。粉尘法则是于傍晚左右喷撒10%来克粉尘剂或5%百菌清粉尘剂，或10%杀霉灵粉尘剂，每亩1千克，10天左右1次，连续使用或其他防治方法交替使用2~3次。使用药剂的预防效果好于治疗效果，可各种方法交替进行，以防产生抗药性。

3. 霜霉病(图7-3)

(1)**症状危害** 霜霉病又称露菌病。病原菌从气孔侵入,然后在细胞间隙和细胞膜中扩展,靠吸管插入细胞内汲取养分,是一种危害性极大的侵染性病害,起病急、传播快、损失大,往往在几天内一栋温室中即将采收的切花全被毁掉。月季霜霉病出现在叶、新梢、花上,特别是对嫩枝和新芽的危害极大。初期叶上出现不规则淡绿斑纹,并布满霜状霉层,后扩大并呈黄褐色和暗紫色,似水浸状,最后变为灰褐色,边缘色较深,呈多角形,后变为灼烧状,渐次扩大蔓延到健康组织,无明显界限。空气潮湿时,病叶背面可见稀疏的灰白色霜霉层,叶片容易脱落,腋芽和花梗部位发生变形,出现病斑,严重时新梢基部出现裂口,沿切口向下枯死。有的病斑为紫红色,中心为灰白色。新梢和花感染时,病斑与病叶相似,梢上病斑略凹陷,严重时叶萎蔫脱落,新梢腐败枯死。不同品种对霜霉病的抗性不同。

图7-3 月季霜霉病

(2)**发病条件** 霜霉病的病原为 *Peronospora sparsa* Berkeley,病菌以卵孢子越冬越夏,以分生孢子侵染。孢子萌发温度1~25℃,最适温度为18℃,高于21℃萌发率降低,26℃以上完全不萌发,26℃ 24小时孢子死亡。病原孢子从叶背面的气孔侵入,侵入时需要有水滴存在,侵入过程3小时左右。侵入后温度在10~25℃,空气相对湿度为100%时,经过18小时开始形成新的孢子。霜霉病一般在温室大棚比较容易发病,植株生长密集,光照不足,通风不良,昼夜温差大,湿度高,或是植株氮肥过多、叶片过于肥嫩。在低温、高湿(空气相对湿度达到100%)时候极其容易发生,一般10月至翌年3月是高发期。露地生产则发生较少,但在潮湿多雨的环境下也很容易发病。

(3)**防治措施**

1)加强栽培管理 种植环境湿度过大是诱发霜霉病的主要原因,控制种植环境的湿度是防治该病的主要措施。水肥供应使用滴灌设施,选择晴天中午前浇水、施肥,避免月季植株周边低温、高湿,减少叶面湿润时间,多开天窗换气。月季种植密度不能过大,全年温棚(室)夜间加强通风,避免温棚(室)出现雾气,叶片叶缘部分如果出现滞留水珠或滴水时,则是将发生霜霉病的危险信号,应及时采取去湿和打药等措施。冬春季夜间低温,在温棚(室)内结合热风加温,可以降低夜间低温棚(室)内植株及叶面上的凝结水,同时注意天窗关闭留有换气空隙以便通风排湿。在发病季节多使用磷、钾肥提高花苗抵抗力。

2)药剂防治　从9月底起,每半个月使用一次代森锰锌或者丙森锌进行预防。霜霉病发病初期,要加强通风,及时喷洒25%瑞毒霉(甲霜灵),或40%乙膦铝(疫霉灵)200~250倍液,或75%百菌清可湿性粉剂600倍液,5~7天喷1次,连续3~4次。注意各种药剂交替使用,防止产生抗药性。为了彻底地消灭霜霉病菌,药物最好是全株喷洒。针对温室设施,在晴天的10时喷药,然后把温室内所有的通风设施关闭,使温室内温度升到30℃以上并超过3小时,这样能消灭大多数的霜霉孢子。

3)选用抗病品种　进行抗病育种,增强品种的抗性,是防治霜霉病的重要措施之一。

4. 根癌病(图7-4)

(1)**症状危害**　根癌病发生在根颈部分,在近地面或根颈部位接穗与砧木接合处附近产生大小不等的肿瘤。感染部分最初出现肿大,呈木质节结状,不久扩大成球形或半球形的瘤状物。初期肿瘤白色,有弹性,以后变为褐色到黑褐色,表面粗糙,不规则。受害的月季植株根系发育受到抑制,根系发育不良,植株生长势严重衰弱,植株矮化,新芽发育不良,盲枝增多,叶片变小,花朵瘦弱或者不开花,严重时植株死亡。癌肿部分直径一般可达2~3厘米,有的甚至达到5~6厘米,像鸡蛋大小。

图7-4　月季根癌病

(2)**发病条件**　病原为野杆菌属细菌。病原细菌在病瘤或土壤中可存活1年以上,借灌溉、嫁接、扦插或地下害虫危害造成的伤口进行传播,病原细菌通过伤口,如虫咬伤、机械损伤、嫁接口侵入，病原菌能干扰伤口处植物细胞的核酸遗传特性，使伤口处形成瘤状物，但病原菌不向其他部位扩散。一部分基因整合到寄主基因组上，即使消除了细菌，肿瘤也不能消除，潜育期几周到数月，偏碱土壤发病较重，生育适温 25～30℃，可随水传播，寄主范围广。

（3）防治措施

1）加强栽培管理　引进月季种苗时注意检查根系，发现有病植株立即销毁；不要在有病地段栽培月季或进行彻底的土壤消毒，栽培地应排水良好；要对扦插月季的基质进行消毒，剪枝剪、嫁接刀等用具用消毒剂进行消毒。

2）药剂防治　栽植前将根系浸入72%农用链霉素可溶性粉剂5 000倍液中2 小时；生物防治可用放射形土壤杆菌 K84 喷洒病株，对植株无害；嫁接时工具进行彻底消毒，用开水加5% 福尔马林或者10% 次氯酸钠溶液消毒8～10 分。田间病株可先用利刀清除病块，深达木质部分，然后用72% 农用链霉素可溶性粉剂5 000倍液灌根，可抑制此病。

5. 锈病（图 7–5）

（1）**症状危害**　锈病主要危害月季的芽、叶片、嫩枝、叶柄、花托、花梗、花和果等多个部位，尤其以芽和叶片的症状最为明显。雨水多而均匀的年份，发病重。春季为锈病的萌芽期，在叶背面生成红斑，逐渐增大成黄色的斑点，病芽基部肿大，在 1～3 层鳞片内长出大量橘红色粉状物；有的弯曲呈畸形，15～20 天枯死。嫩叶受害后，先在叶正面上丛生黄色小点状孢子器，后在叶背面生成橘红色孢子堆。秋季腋芽被菌侵染后形成棕黑色粉状物，经越冬多枯死。

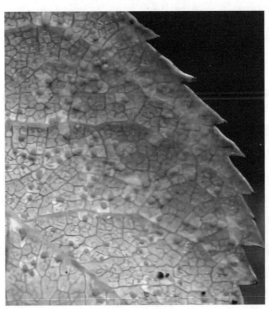

图 7–5　月季锈病

（2）**发病条件**　锈病属于担子菌亚门，锈病目，多胞锈菌属。本菌为同主寄生锈菌，可产生5种类型的孢子。锈孢子器在叶背堆聚成橘红色粉状物，周围有侧丝，裸生。锈孢子串生，夏孢子堆生，周围有棒状侧丝，冬孢子堆黑色，散生裸露。锈病主要以菌丝的形式在月季病芽内越冬，翌年3月下旬，病芽萌发时即开始发病，产生夏孢子，并向叶面侵染。冬孢子在叶片上越冬，第二年春季萌发产生担孢子，侵染幼叶嫩梢，再产生性孢子和锈孢子，锈孢子侵染叶又产生夏孢子。夏孢子可多次产生，重复扩大侵染，潜育期最短7天。每年4月下旬叶片开始发病。5月下旬至7月初为发病盛期。8月中旬减弱。夏孢子发芽感染的适宜温度为$18 \sim 23 \, ℃$，$24 \, ℃$以上开始减少感染，气温在$27 \, ℃$以上，病害不发展，$28 \, ℃$以上的气温，夏孢子不萌发。9月中旬以后，仅腋芽发病。

（3）**防治措施**

1）加强栽培管理　合理施用氮肥，适当增施钙、钾、磷和镁肥，提高植株抗病力，可每隔2周喷洒1次，喷施新高脂膜，连续喷$2 \sim 3$次；注意温室通风换气，保持空气相对干燥；及时对月季花枝进行修剪，在3月下旬至4月对植株健康情况进行检查，发现病芽后要立即摘除。一般病芽率不到0.5%，摘除后即可防止孢子扩散。病枝、病叶和病芽同样需要及时剪除，同时扫除周边的落叶，集中烧毁。注意及时在修剪口涂抹愈伤防腐膜，防腐烂病菌侵染，促进伤口快速愈合。

2）药剂防治　4月上旬或8月下旬发病盛期前，喷药$1 \sim 2$次，可控制病害发展。可选用50%百菌清可湿性粉剂600倍液；或50%退菌特可湿性粉剂500倍液；或50%福美双可湿性粉剂500倍液；或25%三唑酮可湿性粉剂1 500倍液。也可在春季发芽前喷25波美度石硫合剂。同时喷施新高脂膜，增强肥效，提高植株抗病力。现蕾后要定期喷洒花朵壮蒂灵，可促使花蕾强壮、花瓣肥大、花色艳丽、花香浓郁、花期延长。

6. 枝枯病

（1）**症状危害**　月季枯枝病又称月季普通茎溃疡病。枯枝病常引起月季枝条顶梢部分干枯，严重受害的植株，甚至整株枯死。主要发生在叶尖、枝、芽上，尤其在剪口分枝处。侵染部位首先产生淡黄色或略带红色的小斑，病斑周围褐色和紫色的边缘与茎的绿色对比明显，病菌的分生孢子器在病斑中心变褐色时出现，随着分生孢子器的增大，茎表皮出现纵向裂缝，后期病斑凹陷，纵向凹陷开裂，病部出现黑点，潮湿时涌现出黑色孢子堆。发病严重时，病部以上部分枝叶萎缩枯死。

（2）**发病条件**　枯枝病为伏克盾壳霉，又名蔷薇盾克霉，属半知菌亚门，腔孢纲，球壳孢目，盾壳霉属。病菌初埋于寄主表皮下，后突破表皮开口外露。病菌为种弱寄生菌，在带病的枝干上越冬。新芽生长时消耗植株养分，枝干抵抗能力变弱，病菌即乘虚而入，迅速扩展，使病斑蔓延。$6 \sim 7$月，病枝上产生的大量子实体和孢子，由风力传播。这种病害发生的轻重与植株长势和管理水平有密切关系。植株种植密度过大、通风透光不良、环境阴湿时老、弱、残株及水肥缺乏株发病严重;健壮旺株则不发病。菌丝适宜繁殖温度是 16~28℃,其中以 24℃ 繁殖最快,低于 12℃ 或高于 32℃ 时,菌丝生长缓慢,在 4℃ 以下、36℃ 以上则不能生长。分生孢子萌发的温度为 12~32℃,最适萌发温度为 24℃,最低萌发温度为 10℃。

(3)**防治措施**

1)加强栽培管理 改善月季栽培环境,保持植株生长旺盛,是防治枝枯病的有效措施。施足基肥,促进苗木生长健壮,增强抗病能力,减轻病害发生程度。施肥要做到有机肥、无机肥与微量元素配合施用。及时修剪花枝,合理负载,减少无效花枝数量,保持植株生长稳健,植株种植不宜过密。及时清除底部老叶,做到通风透光,合理排灌,降低棚内空气相对湿度,使空气相对湿度保持在 60% 左右。在苗木运输、移栽、修剪、折枝、摘心和切花过程中,尽量减少伤口,减少病菌的侵入和扩散。及时清除病残株,并彻底处理烧毁,减少侵染来源。对定植 1~2 年后发病严重的植株,要及时挖除,以减少病原的扩散。

2)药剂防治 生长期可酌量喷尿素溶液加新高脂膜,以增强植株长势。现蕾后定期在花蕾上喷洒花朵壮蒂灵,可促使花蕾强壮、花瓣肥大、花色艳丽、花香浓郁、花期延长。发病时可喷 70% 百菌清可湿性粉剂 1 000 倍液,或 50% 多菌灵可湿性粉剂 1 000 倍液进行防治,同时喷施新高脂膜,可巩固防治效果。为了避免产生抗药性,几种农药应交替使用。

7. 黑斑病(图 7-6)

(1)**症状危害** 黑斑病是月季普遍发生的严重病害,世界各国月季栽培区都有分布。主要危害月季叶片,严重可导致整株叶片全部脱落。常造成叶片大量早落,枝条光秃,甚至枯死,严重影响月季切花产量和观赏价值。黑斑病主要危害叶片,也危害叶柄、嫩枝及

图 7-6 月季黑斑病

花梗等。叶片染病后,最初叶面上出现大小不等,直径 2～15 毫米黑褐色、近圆形的黑色病斑,病斑角质层下有辐射状褐色菌丝线和小黑点,周围有黄色晕圈。发病的后期,病斑表面可见极其微小的黑色小颗粒。有时病斑周围的叶肉组织大面积变黄,病叶极易凋落。叶柄、嫩枝及花梗染病后,出现长椭圆形、紫褐色、稍下陷的病斑。

(2) **发病条件**　黑斑病病原菌为半知菌亚门放线孢属真菌。病菌以菌丝体和分生孢子盘在病枝或病落叶上越冬,翌年春季温、湿度适宜时,产生分生孢子借风雨传播。叶面上有水滴,温度在 22～25℃ 的条件下,孢子萌发并穿透角质层侵入寄主,在寄主细胞组织内吸取养分,繁殖出大量新的孢子进行再侵染。由于病菌多次重复侵染,故生长季节可多次发病。多雨潮湿和适温是孢子侵入的主要条件,叶面有水滴时 6～10 小时孢子就会侵入,3 天便会出现症状。温暖多雨、多雾、多露水的季节病害蔓延迅速。植株过密、生长衰弱和通风不良等,都会容易发病。不同品种的月季对该病的抗性差别较大,黑斑病的最适温度为 24℃,18℃ 时危害程度显著降低。切花月季生产中,黑斑病一般发生在露地栽培植株,温室内很少发生。

(3) **防治措施**

1) 加强栽培管理　月季秋后要彻底剪除病枝,与病落叶一起集中销毁,减少初侵染来源。早春萌芽前进行修枝整形,重剪病枝以清除病枝上的越冬病原。生产期间发现病叶要及时摘除毁掉,并经常保持地面清洁。浇水不宜从上往下淋浇,应改为根部浇水,以免浇湿叶面,为孢子侵入提供适宜的环境条件。不论地栽、盆栽都应增施磷、钾肥,促使植株苗壮生长,增强抗病能力。注意及时在剪口处涂抹愈伤防腐膜,促进伤口快速愈合,防止腐烂病菌的侵染。在发病期尽量少喷水,必须喷水时只能在早上天气晴朗开始升温时进行,避免长时间浇湿叶面。

2) 药剂防治　发病初期喷施 1∶1∶240 的波尔多液,能起到预防作用。发病后,控制该病害的理想药剂为苯醚甲环唑、嘧菌酯,其次为氢氧化铜、炭疽福美、波尔多液、甲基硫菌灵等,而百菌清、代森锰锌、多菌灵等则效果相对较差。发病初期喷洒 70% 甲基硫菌灵800～1 000 倍液,或 50% 退菌特 500 倍液,或 50% 福美双 500 倍液,或 25% 三唑酮可湿性粉剂 1 500 倍液,或其他药剂,可控制病害发展;以后每隔半月左右再喷 1 次,连续 2～3次,可取得良好的防治效果。但是,个别月季品种会对百菌清药剂比较敏感,应注意留心观察,以免发生药害。

3) 选用抗病品种　粉红色品种抗性最强,其次是黄色、蓝紫色和渐变色品种,然后是浅色,复色品种抗性中等。

8. 褐斑病

(1) **症状危害**　褐斑病是危害月季的常见病害之一,月季叶片、嫩枝和花梗均可受害。叶上病斑初为紫褐色至褐色小点,后扩展成直径 1.5～13 毫米的圆斑,黑色或深褐色,边缘纤毛状,但个别品种上边缘也可整齐光滑。病斑周围常有黄色晕圈包围。在放大镜下,病部可见黑色疱状的小粒体,病斑往往几个相连,病部周围叶大面积发黄,使得病斑成为带有绿色边缘的"小岛"。病叶容易脱落,但有些月季品种却不脱落。幼嫩枝条和花梗上产生紫色到黑色条状斑点,微下陷。病害严重发生时,整个植株下部及中部片全部脱落,仅留顶部几张新叶。

(2)**发病条件** 褐斑病的病原为放线孢属的真菌。分生孢子借风雨、飞溅水滴传播危害,因而多雨、多雾、多露时易于发病。据试验,叶上有滞留水分时,孢子6小时内即可萌芽侵入。萌发侵入的适宜温度为20~25℃,pH 为7~8,潜育期10~11天,老叶潜育期略长,为13天,病菌可多次重复侵染,整个生长季节均可发病。一般梅雨季节和台风季节发病重,炎夏高温干旱季节病害扩展缓慢。植株衰弱时容易感病。品种间抗病性存在差异,但无免疫品种。

(3)**防治措施**

1)加强栽培管理 彻底清除枯枝落叶减少病原。发芽前喷3~5波美度石硫合剂;合理施肥,科学整枝。增施多元素复合肥。增强树势,提高抗病力,科学留枝,及时摘心整枝,四面通风透光。

2)药剂防治 发病严重的地区结合其他病害防治,6月可喷1次等量式200倍波尔多液,7~9月可喷500倍50%多菌灵可湿性粉剂,600~800倍80%代森锌可湿性粉剂、600~800倍百菌清可湿性粉剂或800~1 000倍70%甲基硫菌灵可湿性粉剂交替使用,每10~15天喷1次药。65%代森锰锌可湿性粉剂在某些月季品种上有药害,使用浓度应在1 000~1 200倍;对发病严重的区域建议用50%多·锰锌可湿性粉剂600倍加12.5%烯唑醇可湿性粉剂2 500倍液混合防治。

常用的月季病害防治药品如表7-1所示。

表7-1 常用的月季病害防治药品

药品名称	月季病害
百菌清	黑斑病、霜霉病、锈叶病
代森锰锌	霜霉病、锈病
戊唑醇	黑斑病
苯醚甲环唑	
氟硅唑	
甲基硫菌灵	枯枝病
多菌灵	
退菌特	

（二）月季虫害及防治

1. 蚜虫（图7-7）

（1）**症状危害**　蚜虫一般聚集在月季的芽、嫩叶、嫩梢、花蕾上。危害分为直接危害和间接危害。直接危害为吮吸嫩芽枝汁液，导致叶片、花苞畸形，营养不良，影响光合作用。大量发生时有蜜油状黑色分泌物，故常伴有煤污病发生。既影响月季的生长，也影响花的品质。间接危害为通过口器刺破枝叶表面，传播细菌病毒，增加各种疾病感染概率。春、夏季蚜虫为孤雌繁殖，秋季则进行两性生殖，产卵越冬。露地栽培时以早春和初夏为多发期，温室栽培四季均可发生。

图7-7　月季蚜虫

（2）**防治方法**　一般空气相对湿度大时，容易诱发蚜虫大量发生。所以，注意保持棚内通风，降低湿度。休眠期可喷洒3~5波美度的石硫合剂。当蚜虫发生量不多时，可喷洒清水冲洗。在越冬孵化盛期，用10%吡虫啉可湿性粉剂2 000倍液，有效期可达21天，为防止产生抗药性，可与阿维菌素交替使用。也可使用25%亚胺硫磷乳油800倍液或20%杀灭菊酯乳油2 000~2 500倍液，或2.5%鱼藤精乳油800倍液。喷雾时加入1%中性洗衣粉，可以提高防治效果。露地栽培可用沙粒型缓释颗粒剂；设施栽培可用黏土型缓释颗粒剂，效果比较理想。尽量保护蚜虫的天敌，如异色瓢虫、草蛉、食虫蝇等。挂黄板。秋后要剪除带虫枝条，及时清除掉杂草和落叶。

2. 金龟子

（1）**症状危害**　金龟子幼虫为蛴螬，在土壤中越冬，7~8月出现，常咬食月季的根部，而成虫即金龟子，一般在5~6月出土，在黄昏时大量啃食新叶、嫩梢、成叶和花蕾，尤喜钻入浅色花朵内嚼食，直至秋季。成虫常常将叶片吃成网状，危害严重时可将叶片全部吃光,并啃食嫩枝,造成枝叶枯死;幼虫可啃食根部和嫩茎,影响植株的生长和开花,并使植株枯黄,甚至死亡,同时根茎被害后易造成病害侵染。金龟子卵散产,深度5~15厘米,7~8月新孵化的蛴螬日渐长大,危害日趋严重。成虫常常将叶片吃成网状,危害严重时可将叶片全部吃光,并啃食嫩枝,造成枝叶枯死。幼虫啃食苗木根部和嫩茎,影响生长,并可使苗木枯黄,同时根茎被害后易造成土传病害及线虫病害侵染,致幼苗死亡。

(2)**防治方法** 秋季幼虫尚在浅土层活动,适当深耕,破坏其生活环境,将虫体翻出,受天敌因素和自然因素影响而死亡。在成虫羽化出土高峰期,利用成虫趋光性,在生长环境周边装黑光灯,灯下放置水盆,水中滴入一些煤油,进行诱杀。利用成虫的假死性,在傍晚摇动树枝让成虫掉落在地上,人工捕捉收集处理。施肥时必须使用充分腐熟的基肥,否则极易滋生幼虫。把园内有病虫的落枝、落叶、杂草、病果处理干净,集中烧毁、深埋,可减少大量虫害。在成虫取食危害时,用50%马拉硫磷乳油1 000倍液,或50%杀螟松乳油、50%辛硫磷乳油、50%磷胺1 000倍液,喷雾杀虫。

3. 介壳虫

(1)**症状危害** 介壳虫主要有白轮蚧、龟蜡蚧、红蜡蚧、褐软蜡蚧、吹绵蚧等。雌成虫圆形,稍隆起,2个壳点在中央或偏向边缘,黄色;雄成虫介壳狭长形,背面有3条平行脊线,壳点在前端,黄色或黄褐色。卵圆形,淡红色,半透明状。若虫长卵形,淡红色,能缓慢爬行。固定后为紫色,其上分泌白色蜡丝。若虫孵化后爬出,将口器插入月季植株的器官,如嫩茎、幼叶等的组织内部,吸枝干或叶片汁液,使植株停止生长,生长势减弱,导致植株生长不良,不能正常开花。主要是在高温高湿、通风不良、光线欠佳的条件下才诱发。1年发生2代。以雌虫越冬,第一代雄虫于7月上旬羽化,第二代在10月上旬羽化,羽化后即与雌虫交配,雌虫产卵于介壳下。

(2)**防治方法** 雌虫一般在茎基部发生,容易被发现。在虫口密度不高时,可用毛刷刷除。结合修剪,剪去一部分多虫枝,并销毁。使用竹片等器物,刮除幼虫杀之。若虫孵化期,用25%的亚胺硫磷1 000倍液防治,或25%噻嗪酮可湿性粉剂2 000倍液。可在根部埋入颗粒杀虫剂,如涕灭威,每株用量2~3克,能够有效防治。

4. 红蜘蛛(图7-8)

(1)**症状危害** 红蜘蛛又称叶螨,是切花月季栽培中最主要的虫害之一。以成虫、若虫或幼虫群集在叶背面,吐丝结网吮吸汁液。主要危害叶片,叶正面出现许多细小的灰白色小点或黄白色斑点,后逐渐扩散到全叶,造成叶片卷曲,严重时叶片发黄而脱落,植株生长势衰弱。危害严重时在茎叶顶部结网,花蕾、枝条爬满红蜘蛛。天气干旱时,容易大量发生。朱砂叶螨成虫红色,二斑叶螨成虫黄至黄绿色,体长0.4~0.5毫米,卵淡黄色,卵孵化后经若螨等阶段成长为成螨。朱砂叶螨冬季不滞育,二斑叶螨有滞育现象。叶螨繁育和环境的温、湿度有很大关系。当温度20℃、空气相对湿度为85%时,发育的时间为15天;当温度35℃、空气相对湿度90%时,发育的时间缩短到5天。

图7-8 月季红蜘蛛

(2)**防治方法** 加强栽培管理,清除周围杂草枯枝,增强通风透光度。早期结合整枝将有灰白斑点的叶片摘除烧掉。干燥高温季节注意及时灌水,清晨或傍晚可以往叶片背面喷些水。平时注意观察月季叶片,当发现个别叶片受害,要摘除扔掉;当较多叶片受害时,就要及时用药。冬季休眠期喷施3~5波美度石硫合剂,杀灭越冬螨。生长期喷洒1.8%阿维菌素乳剂和螺螨酯的复配剂1 500~2 000倍液,或丁氟螨酯1 500~2 000倍液,或联苯肼酯1 500~2 000倍液,每隔10~15天喷1次,连喷2~3次,可取得较好效果。每次整枝修剪后,喷洒2~3次1.8%阿维菌素乳剂1 200~1 500倍液,以杀死红蜘蛛。由于红蜘蛛容易产生抗药性,所以上述药剂要交替使用,才能达到理想的效果。喷施药剂时要先从下往上喷,再从上往下喷,水压调大,冲走虫子。清理花苗周围地面杂草,或者用药喷洒。

5. 茎蜂

(1)**症状危害** 以幼虫蛀食花卉的茎干,常从蛀孔处倒折、萎蔫,对月季危害很大。1年发生1代,以幼虫在被害枝条内过冬,翌年4月间化蛹,5月上中旬成虫羽化外出,卵产在当年的新梢和含苞待放的花梗上,茎蜂幼虫危害状是从地面发出的粗壮嫩梢上产卵。受害枝条发生倒折、萎蔫的现象,向下弯曲。到了秋季,有的钻入枝条的地下部分,有的则钻入上年生较粗的枝条上做茧过冬,月季茎蜂蛀害时无排泄物排出,一般均充塞在蛀空的虫道内。

（2）**防治方法**　春季发现萎蔫的嫩梢，随时将其剪掉烧毁，以消灭进入新梢内的幼虫。结合冬季修剪，剪除有褐色斑点的枝条，集中烧毁，集中消灭越冬幼虫。茎蜂成虫有较强的飞翔能力，防治时应在一定的区域范围内进行联防联治，封锁成虫的生存空间，缩小扩散范围。根据茎蜂生活习性和危害状况，要采用内吸性杀虫剂，因此，可采用灌根和叶面喷雾相结合的防治措施。采用10%的吡虫啉1 500倍液加增效剂对叶面及枝条喷雾。叶面与枝条喷到、喷匀即可。在无风的清晨或傍晚喷施为宜。防治茎蜂应掌握在成虫羽化期至幼虫孵化期。最佳防治期掌握在4月上中旬。

6. 叶蜂

（1）**症状危害**　月季叶蜂又名黄腹虫，初孵幼虫群居危害，大量蚕食叶片，严重时可将叶片全部吃光，仅留叶脉和叶柄。虫卵椭圆形，初产出时为淡黄色，孵化前为绿色。幼虫初孵出时为淡绿色，头部为黄色，老熟时黄褐色。蛹乳白色，茧椭圆形，灰黄色。成虫体长7.5毫米，雌虫头胸部黑色带有光泽，腹部橙黄色，触角黑鞭状，由3节组成，第三节最长，雄成虫比雌虫略小。1年发生2代，以幼虫作茧在土内越冬，翌年4月化蛹，5～6月羽化成虫，用产卵管在月季新梢上刺成纵向裂口产卵。卵孵化后，新梢则会完全变黑破折。初孵幼虫群集危害，大量蚕食叶肉，速度较快，严重时可将叶肉全部吃光，仅剩下叶脉及叶柄。

（2）**防治方法**　结合冬季更换盆土消灭越冬幼虫。在冬季修剪时，剪除被害枝叶，集中烧毁。喷施50%杀螟松乳油1 000倍液。保护和利用天敌。在幼虫发生期，利用其假死性，可进行人工捕杀。冬季进行松土，杀灭越冬虫蛹。

常用的月季虫害防治药品如表7-2所示。

表7-2　常用的月季虫害防治药品

药品名称	虫害
噻虫嗪	蚜虫、蓟马、切叶蜂
吡虫啉	蚜虫、蓟马
辛硫磷	月季叶蜂、蓟马
高氯甲维盐	切叶蜂、月季叶蜂
丙溴辛硫磷	切叶蜂
阿维菌素	红蜘蛛
达螨灵	
丁氟螨酯	
阿维菌素+哒螨灵	

（三）月季的杂草防治

除草也是切花月季大棚或温室生产时的一项重要的工作。除草可采用人工除草和化学除草两种形式。人工除草可以避免月季本身受到除草剂的危害，并且不会对环境造成污染，但是要注意不要伤害月季植株的根系。化学除草法可以大大地减少劳动力，但是，目前还没有一种除草剂获得在切花月季生产上使用的农药登记。据研究，高效氟吡甲禾灵、氰氟草酯两种除草剂400倍以上的稀释液对月季没有药害，氟磺胺草醚800倍以上稀释液对月季没有药害。如果栽培环境的杂草非常严重，使用比例如表7-3所示：

表7-3 除草剂的使用效果

化学药品	稀释倍数	针对杂草	效果
高效氟吡甲禾灵	800	一年生禾本科杂草	87.44%~91.12%
氰氟草酯	801	一年生禾本科杂草	80.29%~97.14%
		阔叶杂草	83.33%~89.24%

喷施化学药品时要根据设施情况，先试验，后大面积酌情施用。为了节省劳力，可以采用地面覆盖的方法，以减少杂草滋生，并能防止除草剂污染环境。

为了达到理想的防治病、虫、草害的效果，要科学合理地用药，以预防为主，避免病虫害的大规模发生，在使用药物时，注意安全使用知识，防止发生人、畜中毒等事件。

1. 物理措施

在病虫害大规模蔓延之前，要尽量采用物理防治措施，如防虫网、诱虫板、诱虫灯等。温室四周及天窗通风处安装50目防虫网，可以有效预防各种昆虫侵入，减少对植株带来的伤害。设施内还可安装诱虫板或诱虫灯，用来监测和控制温室内害虫的发生。电热熏蒸系统主要用于病虫害防治，其优点是方法简便、防治效果好，且不会在月季植株上留下药斑，尤其对预防白粉病、霜霉病的发生有极好的效果。在温室内按每80~100米^{2}悬挂一个熏蒸器，悬挂高度离地面1.5米左右，尽量不要悬挂在天沟下面，以免天沟漏水造成损坏。

2. 合理用药进行化学防治

先要分清药剂种类。购买农药时，要看清楚农药瓶（袋）上的标签、登记证、生产批准证产品标准号码齐全的农药。在农药外包装上有不同颜色标志表示不同类别：红色为杀虫剂，绿色为除草剂，黑色为杀菌剂，深黄色为植物生长调节剂，蓝色为杀鼠剂。每种农药都有特定的作用特点和防治对象，所以不同的病、虫、草害，应选择不同的药剂，对症下药，才能达到理想的防治效果。

3. 要正确使用,剂量适当

根据农药标签说明选用正确的施药方法,如喷雾、喷粉、拌种、土施等。施药时不要随意提高剂量,否则既会造成浪费,又会产生药害,还可能导致抗药性产生。配制农药时,要选用专用器具量取和搅拌农药,绝不能直接用手取药和搅拌农药。田间喷洒农药,要注意风力、风向及晴雨等天气变化,应在无雨、3 级风以下天气施药。下雨和 3 级风以上天气不能施药,更不能逆风喷洒农药。夏季高温季节喷施农药,要在 10 时前和 15 时以后进行,中午不能喷药。施药人员应配备专业的喷药设备和防毒面罩,每天喷药时间一般不得超过 6 小时。

4. 预防施药

用药一定要在发病前或虫害不明显前,将其消灭在危害初期,否则大发生以后再用药防治,则比较困难,往往是既浪费了人力、物力和财力,还不能达到理想的效果,给生产带来很大损失。

5. 安全用药

农药储运,远离食品。农药必须单独运输,修建专用库房或箱柜上锁存放,并由专人保管,农药不得与粮食、蔬菜、瓜果、食品及日用品等混运、混存。防止孕妇和儿童进入农药库房。施药机械出现滴漏或喷头堵塞等故障,要及时正确维修,不能用滴漏喷雾器施药,更不能用嘴直接吹吸堵塞的喷头。田间施药时,必须穿防护衣裤和防护鞋,戴帽子、防毒口罩和防护手套。年老、体弱、有病人员,儿童,孕期、经期、哺乳期妇女,不能施用农药。配药、施药现场严禁抽烟、用餐和饮水,必须远离施药现场,将手、脸洗净后方可抽烟、用餐、饮水和从事其他活动。施过农药的地块要竖立警告标志,在一定时间内,禁止进入田间进行农事操作、放牧、割草、挖野菜等。施药结束后,要立即用肥皂洗澡和更换干净衣物,并将施药时穿戴的衣裤鞋帽及时洗净。施药人员出现头疼、头昏、恶心、呕吐等农药中毒症状时,应立即离开施药现场,脱掉污染衣裤,及时带上农药标签到医院治疗。

(四)月季的生理病害

1. 弯梗

弯梗是指花蕾下的萼片着生位置不对,使得花蕾下方花梗的部分发生弯曲,花蕾长大后形状似鸟头(图 7-9)。弯头的出现与品种和栽培时间有关,一般新定植的月季植株,在第一年较粗壮的枝上发生弯头率较高,2 年以后发生弯头率逐步降低。此外,还与季节有关,春、夏季月季基部发出的基生枝发生率较高,冬季发生弯头的概率较低。具体表现为1号萼片发生叶变现象，并且相较于其他4片萼片下移0~3厘米，1号萼片的叶变引发了其他4片萼片及花器官的错位表达，正常植株的1号、2号萼片的两边皆有羽状裂片，3号萼片仅一边有羽状裂片，而4号、5号萼片两边则是光滑的。而发生弯梗的植株两边皆有羽状裂片的萼片变成了2号、3号，4号萼片的一边出现了羽状裂片，同时，原本1号萼片出现的位置被半瓣半萼或者花瓣状的器官替代。畸形花的花梗朝着1号萼片的方向弯曲5°~90°，花梗弯曲的部分伴随着扁平化，弯曲的花梗严重影响了花朵的发育，如图7-10所示。

图7-9　月季弯梗

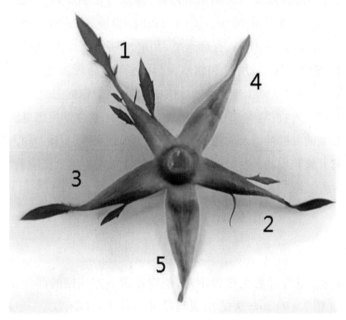

图7-10　月季的萼片编号

温馨提示

　　已出现的弯头花枝的处理方法是在花头豌豆大时直接剪去以便迅速形成下一级枝条;在花头豌豆大小时将使花蕾弯头的1号萼片摘去,花头在继续生长过程中会逐步抽直,或从花蕾下第一片3片复叶处摘心,促发短枝开花,缩短切花时间。

2. 弯枝

　　弯枝指的是月季植株在生长过程中,由于生长环境不适宜,如低温、低光照、水肥不均匀,或者侧芽不及时抹除和植株光向等都会造成弯枝现象。此外,抹除侧芽时由于操作不当对主枝造成伤口,在伤口愈合时也会引起枝条发生弯曲。发生弯枝的月季枝条生长弯曲,严重影响了切花月季的观赏价值和经济价值。

3. 双心花和平头花

　　双心花指月季花在生长发育过程中,一朵花形成两个或两个以上的花心。双心花现象与品种和气温有关,一般冬春季低温时期发生较多,夏秋季发生较少,但长期高温也会造成双心的出现。平头花(图7-11)也叫作牛头蕾,指低温引起花瓣分化过多,短小而宽,向花心弯曲,严重时花朵中心变平,平且出现2心、3心现象,内花瓣和外花瓣生长一

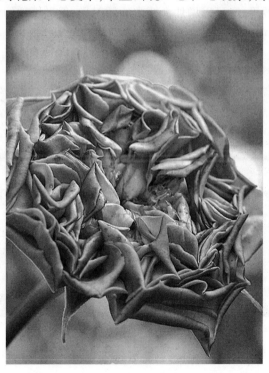

图7-11　月季平头花

样高,花开放后形成平头,失去品种原有的高心花型特征。一般冬季大棚内温度低于5℃、每天光照时间短于10小时、光强长期低于4万勒容易产生平头花;个别品种在苗期产花也会发生平头花现象。双心花和平头花的观赏性和商业价值都极大地降低。在生产上选择耐低温、弱光的品种栽培,冬季主要通过提高棚内温度和增加光照时间及光照强度,减少双心花和平头花的出现。夏季高温季节,白天要注意棚内通风降温,避免月季长期在高温环境中生长。双心花和平头花枝一般作切花母枝和营养枝处理。

4. 盲枝(图7-12)

月季切花盲枝是指月季植株的芽,受温度、光照、营养等影响,不能发育成花芽开花,称为盲枝。低温、低光照会引起月季的盲枝现象,表现为枝条不能完成花的发育过程,导致花芽败育或萎缩。对盲枝的处理方法,一般盲枝发生在生长势较弱的植株上或植株下部的枝上,根据盲枝着生位置,可将着生位置好的枝,折枝后作营养枝用,将着生位置不好的枝可直接剪去。根据品种特性选择适合的种植密度,对植株高大和叶片宽大的品种,可增加株行距,减小种植密度,改善大棚内植株群体间的通风透光性;进行合理的修剪及折枝措施,减少植株间互相遮光,可以提高切花枝的光照。冬春季加强温度和光照管理,及时更换大棚塑料薄膜,可提高塑料薄膜的透光性和保温作用,选用银灰色的遮光网,既可以提高保温效果,又可以增加大棚内的散射光,促进植株的生长和花芽分化。

图7-12　月季盲枝

5. 变叶病

月季变叶病是切花月季的一种生理畸形,通常表现为花器官(包括萼片、花瓣、雄蕊、雌蕊)被类似叶片的结构代替,按照形态表征可分为"花变叶"和"花上开花"两种形态。"花变叶"具体表现为花梗伸长,花瓣、雄蕊、雌蕊变为叶片,整朵花变为一段短小的枝条;而"花上开花"则表现为花瓣正常,雄蕊、雌蕊缺失,代之以一个长有叶片和花朵的小枝(图7-13)。上述变叶病症状通常为偶发性的不稳定表现,常因异常的环境条件(包括温度、水分条件)及病、虫危害而引起。中国古老月季有稳定"花变叶"表现型,这种变叶病表现不受环境条件的影响,被认定为品种"绿萼",是一个表现变叶病的稳定突变体,它的花瓣、雄蕊、雌蕊全部变化为绿色的类似叶片的结构。"绿萼"花器官因其特殊形态带来了非常重要的园艺观赏价值,并因其为表现花变叶的稳定突变体,是研究月季变叶病及花器官发育的重要材料。近十几年来国外利用分子生物学技术,研究花器官发育机制及月季变叶病成因有了一定进展,这种变叶是由于控制花器官形成的AGMOUS基因表达受抑制所致。

图7-13 月季变叶病

八、切花月季的采收与采后减损增值

（一）切花月季的品质构成及影响因素

1. 切花月季的品质构成

（1）**枝条** 花枝枝条均匀挺直、不弯曲，花茎长度不低于 40 厘米，以 65 厘米以上的为佳，没有弯梗现象。

（2）**花色及花形** 花色鲜艳纯正，无焦边、变色，花瓣厚度适中且富有光泽。花形完整、花蕾紧实，无任何畸形。

（3）**叶子** 叶片大小均匀，分布均匀，叶面清洁平整，叶色鲜绿有光泽，无褪绿叶片。

（4）**抗逆性强** 耐储藏、运输，无病虫害、药害、冷害、机械损伤，瓶插寿命长。

2. 影响切花月季品质的因素及应对措施

（1）**品种特性** 品种差异在切花月季的瓶插寿命中发挥了显著的作用，在同样的栽培环境和管理水平下仍然表现出不同的品质特性。影响月季切花品质和寿命的因素如图 8-1 所示。不同品种的切花月季花瓣数量、花枝长度、花瓣的松紧度存在着差异，由于不同品种的切花月季的气孔开合能力、花茎吸水能力、叶片组织电阻能力、乙烯合成能力的差异导致品种间的瓶插寿命差从 13 天到 24 天不等。香气浓郁的品种的瓶插寿命比没有香味的月季品种短。

应对措施：加强对环境适应性强、抗逆性强、有较长采后寿命的优良品种进行选育。

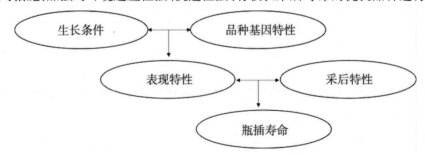

图 8-1 影响切花月季品质和寿命的因素

(2) **生长条件**　采收前 2 ~ 3 周的栽培环境对切花采后品质具有决定性作用。

1) 空气相对湿度　较高的空气相对湿度会减少叶片中脱落酸的含量,从而导致叶片气孔开闭功能低下,采后水分流失严重,采后的瓶插寿命缩短,同时空气相对湿度会导致花径缩小和花色变淡。

2) 光照　光照不足、栽植过密经常导致花枝中的碳水化合物储藏不足,造成僵花。增长光周期可以提高切花月季的产量,但是过长的光照时间会使叶片气孔的开闭功能受到影响,蒸腾现象增加,水分流失严重,缩短切花月季的瓶插寿命。增加光强度会在一定程度上增加碳水化合物的累积进而延长月季的采后寿命。

3) 温度　能够达到采后寿命最佳的栽培温度为 21 ~ 24℃,低温影响花芽分化,增加僵花的比率或造成弯头,花瓣中的多酚在低温时氧化,易使花色变黑,失去商品价值。高温条件下生产的切花花瓣中色素含量低,瓶插过程中易衰老蓝变,增大了采后的水分吸收。采前的低温会增加采后开花的时间,而过高的温度则会缩短月季的采后寿命。

4) 二氧化碳　提高温室中二氧化碳的含量到 1 000 微克/克仍有助于品质的提高。增加二氧化碳的含量会提高切花中碳水化合物的含量,从而延长了月季的瓶插寿命。

5) 营养　一些含有机磷成分的农药容易造成花朵变色,红色、浅红色品种更加敏感,营养供应也影响月季花的品质。过多的氮含量会减少瓶插寿命,增加锌含量则对切花寿命有延长作用。

应对措施:可采用国外用于高质量月季切花周年生产的自动化温室,对光照、温度、湿度、二氧化碳等可以控制调节,或人为地控制月季植株的栽培环境,根据品种的特性加强光照、温度、湿度、二氧化碳等控制。

(3) **机械损伤**　切花月季花朵大,连接花朵的花颈部分因没有木质化而十分娇弱,因此很容易折断,尤其是在流通过程中常因震动造成掉头,花瓣也会擦伤。另外由于花枝带刺,捆扎后相互牵扯,打开时容易拉坏花枝,造成损失。

(二) 切花月季的采收与采后生理变化

1. 切花月季的采收标准

切花月季的采收时间对切花月季的瓶插寿命有着重要的影响。采收的时间过早或过晚,都会影响切花月季的瓶插品质。根据月季花蕾的外形上的变化阶段总结出以下切花月季采收的外形标准。

开花指数 1:萼片紧抱,不能采收。

开花指数 2:萼片略有松散,花瓣顶部紧抱,不适宜采收。

开花指数 3:花萼松散,适合于远距离运输和储藏。

开花指数4:花瓣伸出萼片,可以兼做远距离和近距离运输。

开花指数5:外层花瓣开始松散,适合于近距离运输和就近批发出售。

开花指数6:内层花瓣开始松散,必须就近很快出售。

月季切花的开放天数和开放程度如图8-2所示:

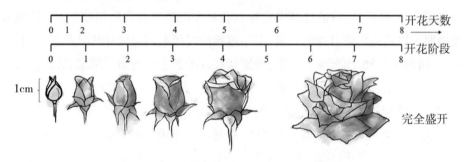

图8-2 切花月季的开放天数和开放程度

尽早采切有一定的优势:①可减少花枝的体积,占用空间少,花苞比较耐碰擦,便于包装、运输和储藏,从而大大降低生产经营成本(如鲜切花提早上市,加快了温室和土地周转,减少了储运损耗等)。②可以在处理和运输期间,降低鲜切花对极端温度、低湿和乙烯的敏感性,提高切花在弱光、高温条件下的品质和寿命。但月季如过早采收,花蕾尚未成熟,花头易下垂,会形成"弯颈",而过晚采收会降低切花的商品价值,同时缩短月季的瓶插寿命。采收的标准可根据品种特性和采收季节适当地进行调整,如花瓣数少的品种适当早采;夏季气温高时适当早采,冬季气温低时采收成熟度要大些。单头品种在夏秋季远距离运输销售时花蕾成熟度宜低,冬春季远距离运输销售时花朵的成熟度可稍高。如运输距离较近,花朵的成熟度宜高。多头月季品系,用于储藏或远距离运输时,采收期相对较早,一般在1/3的花朵花萼松散、花瓣紧抱、开始显色时采收。用于近距离运输或就近销售时,采收期相对较晚,一般在2/3的花萼松散、1/3的花朵花瓣松散时采收。粉红色品种在萼片卷曲、花瓣展开一瓣的时候可以采收,红色品种外层花瓣展开两瓣时采收,黄色品种在花朵萼片水平时开始采收,白色品种不易开放,采收宜晚。本地销售或短距离运输宜在初开期采收,远距离销售宜在蕾期采收。

2. 切花月季的采收时间

为了便于分级、包装及处理,对于同一品种、同一批次的切花,采收时要求花蕾的开放状态基本相同。切花月季的采收时间对采后的品质也有着重要的影响。由于切花采后的发育和瓶插寿命与其体内碳水化合物和其他营养物质的积累有很大关系,因此对于月季来说,采切时间午后优于早晨。这是因为经过一天的光合作用,鲜切花茎中积累了较多的碳水化合物,质量较高。而采收时间和采收次数,因季节而异。春、夏、秋季,一般每天在 6 时 30 分至 8 时和 18 时至 19 时 30 分采收 2 次,而冬季一般每天早上采收 1 次,采收时间尽量避免气温高、直射光照强的中午,避免不必要的水分流失,从而影响切花的品质和瓶插寿命。一天之中,早上采收的花枝鲜嫩,水量充足,花蕾饱满、含水量最高,可使鲜切花的细胞保持较高的膨压。但要注意应在露水、雨水或其他水气干燥后采切,以防因鲜切花较潮湿而易受真菌病害感染。而 16 时 30 分左右采收的切花经过一天的光照,累积较多的碳水化合物,瓶插寿命比上午采收的长。

3. 切花月季的采收方法

切花月季使用正确的采收方法,可以延长切花的保鲜期。切花月季花茎较长,节间数多,标准开花的花枝有 10 ~ 14 以上的叶片,剪取花枝时尽量长剪,但也要兼顾下次开花枝生长的快慢。根据植株整体株型,在花枝的基部,在 2 ~ 3 个叶腋芽处剪切。剪时在芽上 0.5 厘米处,与芽平行方向倾斜 45°剪下,剪时尽可能留外芽,以免枝条向内交叉生长,采收枝长应根据市场及各品种特性而定。采切部位应选择靠近基部而花茎木质化程度适度的地方。若本质化程度过高,会使鲜切花的吸水能力下降,缩短寿命。80 厘米花枝留 2 ~ 5 片小叶,70 厘米花枝留 1 ~ 4 片小叶,60 厘米花枝从基部剪,60 厘米以下花枝只能采取降桩,如此操作 3 ~ 5 次,可适当回剪,保证剪花部位距畦面 30 ~ 50 厘米,以便于生产操作。采收后要注意保护花蕾,不能出现渗水现象,避免枝干上的刺互相划伤。若开花枝较短而开花母枝又较多,在剪取花枝时也可以略带一段原有开花母枝的茎段,使新花枝由开花母枝上再发,不过萌发速度较慢。花枝剪切后,尽可能在 5 分左右插入含有保鲜剂的容器中,以尽快保鲜,然后运输到冷库中冷藏。

4. 切花月季的采后生理

影响切花月季衰老的主要内部因素有水、营养物质和激素等,外部因素有温度、空气相对湿度、机械损伤及病虫害等。切花月季呼吸强弱、碳水化合物含量、含水量和乙烯的生成是影响其寿命的主要内部因素。切花月季是活的生命体,不断进行着呼吸作用,它通过消耗体内的碳水化合物,以维持其生命。营养物质在呼吸过程中损耗,意味着切花月季逐步在衰败。因此,切花月季的衰败速度常与呼吸强度成正比。切花保鲜的原理就是通过给切花月季提供最适宜的外部因素如温度、空气湿度、水质、防治病虫害以及适宜的采前因子与采收期,以维持花枝内部水分平衡、能量平衡、激素平衡,从而延长切花寿命。影响月季切花采后寿命的因素如图 8 - 3 所示。

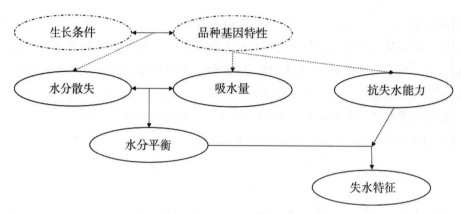

图8-3 影响月季切花采后寿命的因素

（1）水与月季切花的衰老

1）花枝内水分与花枝"弯颈" 月季采收后，其鲜重的85%左右是由水构成的。水对于维持细胞膨压、水平平衡和物质代谢有着至关重要的作用。从花的发育到盛开，只有保持较高的紧张度，才能维持正常的代谢活动。月季切花的紧张度不仅和吸水量的大小有关，而且取决于吸水量和水分散失之间的平衡。当失水超过5%时，会引起叶片萎蔫，花蕾难以绽开。月季切花叶片和花蕾所需的水分是由花蕾下面相对幼嫩的茎组织吸收提供的，茎组织失水便会使细胞紧张度下降，在花蕾重力的作用下，幼茎变软弯曲，从而出现花蕾向一侧倾斜的"弯颈"现象。虽然月季采后常插于水中或保鲜液中，能弥补水分的散失，但总的趋势是失水量大于吸水量。切花月季对脱水极其敏感，失水不仅会导致萎蔫和皱缩，影响商品外观质量，而且会加速衰败过程。切花月季吸水力下降是由花茎导管堵塞造成的。导管堵塞可由以下几种情况引起：①采切时切口处分泌乳液；②茎剪后，在采后处理和储运过程中，空气进入导管形成"气栓"。③环境中微生物的繁衍及其分泌物大量聚积在花茎的基部。④采切时花茎受伤部分发生氧化作用，引起单宁、流胶等黏性物质在切口附近聚积，堵塞导管、毒害茎组织。由失水引起代谢紊乱的变化是不可逆的，将会导致切花月季衰老。为了提高鲜切花的吸水能力，可采用加杀菌剂、润湿剂、有机酸于花瓶中，以及在水中剪截切花等方法。

2）瓶插溶液的pH与花枝寿命 瓶插溶液的pH可以改善植物体内水分的平衡。当水中的pH等于4或小于4时，可以有效地抑制细菌繁殖，降低酶的活性，减轻对导管的堵塞，对月季切花起到延长寿命的作用。保鲜用水的pH还能影响切花的花期。研究表明，月季切花插入到pH为3的水中比插入到pH大于3的水中的花期长，衰败也慢。

3）瓶插溶液的水质影响瓶插寿命 在月季花枝的切口处去除花茎下部的刺和叶时产生的伤口处，容易滋生细菌和霉菌，并产生和大量凝集一种细胞壁中的果胶降解物，从而导致维管束阻塞，造成花枝吸水不畅，水分平衡被破坏及切口腐烂，致使切花鲜度下降，造成切花萎蔫和老化加快等，同时也有细菌本身的直接阻塞所致，月季切花在含有高浓度细菌($10^7 \sim 10^8$ 个/毫升)插花液中的吸水量和蒸腾量都要少于在含有低浓度细菌($10^4 \sim 10^6$ 个/毫升)的插花液中。水中的钠离子、氟离子等也对月季切花有害。蒸馏水或去离子水可增加切花的寿命。试验表明,月季在自来水中仅能保持 4.2 天,而在蒸馏水中则可保持 9.8 天。目前,瓶插溶液的水主要分为自来水、蒸馏水、去离子水和微孔滤膜过滤水 4 种。其中,自来水中含有微量离子,易与保鲜剂的其他成分发生反应生成沉淀。而蒸馏水以及去离子水配制的保鲜剂可以避免其他物质生成,使保鲜剂中的各类成分发挥最大的作用。微孔滤膜过滤水则可以有效地减轻切花导管中的空气堵塞。

(2)**营养物质与月季切花的衰老** 切花月季花瓣中的营养物质,如淀粉、蛋白质等,随着切花的衰老不断分解下降,而总游离氨基酸和游离碱性氨基酸的含量则上升,切花正常生命活动所需要的营养物质得不到足够的补充,开花得不到足够的营养,从而寿命缩短。花瓣中的淀粉在采收后 1 ~ 2 天内迅速分解,可溶性糖含量采后也下降。切花体内碳水化合物的含量高低是决定切花寿命长短的主要因素。研究表明切花月季采收时花瓣中的淀粉含量越高,其在瓶插时花冠中的糖分也就越高,瓶插寿命也越长。蛋白质、氨基酸的变化与月季切花的衰老也密切相关。若采收的月季完全开放,已经成熟,则瓶插时主要发生蛋白质的降解作用。若在蕾期或初开期采收,花朵尚未完全发育成熟,则采后初期随着发育程度的加深,蛋白质合成作用是主要的,在随后的衰老过程中蛋白质分解,含量下降。月季采后花瓣中的总游离氨基酸和游离碱性氨基酸含量上升。游离酸性氨基酸在瓶插前期变化波动不定,但当花瓣衰老时则急剧增加。月季切花花瓣中丝氨酸含量最高,衰老时其浓度急剧上升。因此,月季花瓣衰老时蛋白质降解,丝氨酸增加,而丝氨酸的增加又促进了蛋白酶的合成,从而进一步加速了蛋白质的降解作用。一些酶的活性变化与月季鲜切花的衰老密切相关。月季切花在衰老过程中花瓣的超氧化物歧化酶(SOD)、过氧化氢酶(CAT)、过氧化物酶(POD)活性在 3 ~ 5 天内上升,随后下降。通过切花衰老过程的内肽酶活性的测定发现,在切花走向衰老时,花瓣内肽酶(巯基蛋白酶、丝氨酸蛋白酶)活性迅速升高,切花月季的失水胁迫耐性可能与其内肽酶活性有关。因此,切花月季维持正常的生理代谢活动需要能量,花蕾开放,也要消耗大量能量。所以,可通过补充能源即大量的碳水化合物,以维持其生命活动,延长切花寿命,即可延长可观赏的时间。

(3)**细胞膜的变化与月季切花的衰老** 月季花瓣衰老过程中,细胞膜的通透性增加,色素、氨基酸、糖、K^+ 及总的电解质溶液的渗透急剧增加,如渗透率比花瓣没有凋萎时高 2 ~ 5 倍,不饱和脂肪酸与饱和脂肪酸的比率降低。试验表明,月季切花的衰老过程是:细胞膜中脂质结构改变增加微黏性脂层相分离,乙烯生成量上升,膜的通透性增加而死亡。花瓣衰老过程中细胞膜的变化是:磷脂含量减少使固醇与磷脂的比率升高,导致膜的流动性降低,流动性减弱使得与膜结合的酶的活性减弱,进一步导致细胞吸收溶质的能力减弱,加之膜的透性增加,最终导致细胞死亡,花瓣凋萎。

(4)**激素与月季切花的衰老** 在植物激素中,生长素具有促进细胞伸长、增大、组织分化的作用。细胞分裂素可促进细胞分裂、推迟衰老过程。赤霉素可促进开花。乙烯抑制细胞伸长，引起小叶脱落，促使植物成熟和老化。当花枝切下后，就中断了这些激素的供应，又因剪切而增加了乙烯的产生，引起激素水平不平衡，易促使切花衰老。因此，要使切花保鲜期延长，必须增加其他激素抑制乙烯的产生。

1）乙烯与切花衰老　乙烯和切花衰老关系极为密切。乙烯是植物代谢的天然产物，被认为是控制植物成熟和衰老的激素。0.1毫克/千克的乙烯就具有高度的生理活性。切花月季衰老的最初反应之一便是乙烯的产生，而产生的乙烯又会诱导切花产生更多的乙烯，最终加速其凋萎变质。除了衰老的组织可产生乙烯外，感病、机械损伤、营养物质耗竭、脱水等都可刺激产生乙烯，而且遭病菌感染或受伤组织要比正常组织产生的乙烯量更高，甚至一些断梗或霉烂的残花都能产生大量乙烯。高浓度乙烯加速月季切花的叶片黄化及花瓣衰老，并诱导花蕾脱落衰老的花瓣中会产生大量的乙烯，外源乙烯也能诱导花瓣的衰老。若用外源乙烯处理，能加速切花的衰老，缩短瓶插寿命。相反，若用乙烯抑制剂来抑制乙烯的产生，或干扰其作用，则可延缓切花的衰老。乙烯的释放分3个阶段：一是稳定的低水平状态，二是迅速上升达到最大值，三是乙烯释放减少。月季切花开花和衰老过程中乙烯变化类型在品种间有差异，如乙烯生成量在萨蔓莎、天使、默西德斯、加布里拉和雅典娜等5个品种上表现为蕾期较低，外层花瓣展开时逐渐增大，在盛开期达到高峰，然后降低，变化动态属于跃变型切花；唐娜小姐在整个开花和衰老过程中一直保持在较低水平，属于非跃变型切花；坦尼克、黄金时代、金徽章、金牌、红衣主教、红成功、玛丽娜等在蕾期较低，随着开花进程逐渐增大，在盛花后期花朵露心时仍在增加，类似于末期上升型切花。上述3种类型月季品种的呼吸强度在瓶插期的变化趋势一致，即花蕾期相对较低，花朵充分展开前迅速升高并出现高峰，然后降低，呈现典型的呼吸跃变类型。同时萨蔓莎和天使呼吸跃变高峰的出现都比类似乙烯跃变高峰的出现提前1~2天，说明不同品种切花月季乙烯生成量与呼吸强度的变化动态有很大不同。所以，采用乙烯抑制剂来抑制切花月季乙烯的产生，或干扰其作用，延缓衰老，延长切花寿命，需要因品种而异。在生产和采后处理过程中，防止乙烯损害的具体措施有：①在采切和采后过程中，避免对切花月季造成机械损伤。②采切后应立即使切花月季冷却。③切花采切前后所处环境要保持清洁，及时清除腐烂的植物材料。④由于水果和蔬菜能产生大量的乙烯，因此不要把切花月季与它们共同储藏。⑤不要把处于花蕾阶段与充分开放的鲜切花一同储藏。⑥温室和采后处理工作场所不要使用内燃发动机，并且应适当通风。为检测环境中乙烯的含量，以确保鲜切花的质量，可放置盆栽万寿菊或番茄。这两种植物对乙烯极其敏感，当它们处于1~2毫克/升浓度的乙烯环境中24小时，叶片会明显下垂。

2）ABA与切花衰老　ABA也是植物体内一种天然的衰老激素，中文名为脱落酸。花瓣组织衰老时，ABA浓度增加，直接影响到切花衰老症候群的发展。研究表明，月季切花瓶插期间前3天，内源ABA含量下降，然后维持在一个稳定的低水平，在花瓣衰老时又急剧增加。外源乙烯可增加月季切花花瓣中的 ABA 水平。离体花瓣中 ABA 合成与水势直接相关,月季瓶插期间花瓣中 ABA 含量随细胞水势的下降而增加,而连体月季花瓣中 ABA 水平的上升与细胞水势无显著相关,这也许与叶片或其他部位 ABA 输入花瓣有关。也有研究表明,ABA 是一种很强的生长抑制剂,在保持液中加入 1 毫克/升 ABA,或用 10 毫克/升 ABA 处理 1 天,可引起月季气孔关闭,从而延迟月季切花的萎蔫和衰老。

(5)采收时温度与月季切花的衰老 高温下呼吸消耗增加,植株体内的碳水化合物含量降低,以至缩短切花采后的寿命。月季正常采收前 3 周,温度由 21～24℃上升到 27℃或降低到 12～15℃都会缩短月季切花的观赏寿命。例如,生长在冷凉环境下的 Meitakilr 和 Mired 月季,比生长在温暖环境下的月季的花蕾长度增加 1.2～1.4 倍,且花瓣数目多,但是采收时间却要推迟 6～9 天。4～11 月,以 11 月平均气温 14～15℃条件下,月季瓶插寿命最长,气温愈高,保鲜寿命愈短。所以,确定采收时间时,要考虑到气温的高低和变化。月季采后暴露于过低或过高温度下,也会导致切花月季的生理失调,常见的有 3 种情况:①冻伤。鲜切花置于 0℃以下,组织内结冰造成伤害。②冷害。一些不耐寒的月季切花品种,置于 5～15℃以下常造成褐色、产生斑点、出现水浸状区域、花蕾停止发育而不开放。③热害。暴露于直射阳光下或温度高的环境,造成的伤害多表现为表面变白、烧伤或烫伤状、脱水等。月季采后应尽快转移到冷凉的储藏间并依据不同的品种,放在适宜其储存的低温下。

(6)空气相对湿度与月季切花的衰老 空气相对湿度对切花月季水分散失的快慢有很大影响。当温度恒定时,空气的相对湿度越大,水分散失越慢。在采后处理过程中,若环境湿度低,月季极易失水,新鲜度迅速下降。当损失的水分占鲜重的 10%～15%时,就会表现出萎蔫,组织发生皱缩和卷曲。切花月季在储藏过程中,宜维持 90%～95%的空气相对湿度。任何微小的空气相对湿度变化(5%～10%)都会损害切花的质量。

(7)病虫害与月季切花的衰老 在储藏保鲜过程中,细菌、真菌引起的腐败是切花月季衰老的常见原因之一。尤其目前月季生产和消费的地域是分开的,所以防治病虫害的传播非常重要,尤其是一些检疫的病虫害更是应该重点防治的对象,这直接决定着切花月季能否出口的问题。

(8)机械损伤与月季切花的衰老 切花月季花朵大,连接花朵的花茎因没有木质与其他部位的茎相比比较娇弱,因此很容易折断,尤其是在流通过程中常因震动造成掉头,花瓣也会擦伤。另外,由于花枝带刺,捆扎后相互牵扯,打开时稍不注意就会拉坏花枝,造成损失。在花枝下端的切口处,因去刺和去叶留下的伤口处,由于微生物的大量繁殖,会导致吸水不畅,造成切花的平均瓶插寿命显著缩短,显著地表现出"弯颈",且在较低空气湿度下更为明显。

(9)采前因子、采收期与月季切花的衰老 切花月季品质评价以外观为主,虽然品质与遗传特性关系密切,但也受采前、采后措施等的影响,其中包括光照、温度、湿度、空气组成、营养、水分、植保及各项园艺措施等。研究表明,不同的栽植密度和切花采收方式,对月季切花的品质及产量均有很大的影响。生长期中空气相对湿度和光照时数对切花月季瓶插寿命有直接关系。湿度增加,瓶插寿命减少 30%;光照时数增加,则会使开花枝条数提高 12%,鲜重每枝增加 5%。此外,生长期间营养供给、K/Ca 比率和采收方式等,均对月季切花品质和产量有很大的影响,适期采收是切花质量的保障。冬季采收的月季比夏季采收的瓶插寿命要延长 2 倍,且不易发生"弯颈"。另外,要尽可能地避免在高温和强光下采收,宜在上午采收。月季切花品种极其多,瓶插时出现的"弯头""蓝变"(常出现在红色品种上)或"褐变"(多出现在黄色品种上),以及不能正常开放等是世界性保鲜难题。经分级包装的切花应在初包装完成后第一时间运入冷库中预冷,去除田间热,减弱切花的呼吸作用,可显著地延长切花瓶插寿命。冷库温度为 5℃ ±1℃,空气相对湿度为 85% ~90%。在预冷的同时切花应吸收含硫代硫酸银(STS)或硫酸铝的预处理液,时间最少为 6 小时。8 - 羟基喹啉柠檬酸是月季切花有效的保鲜剂成分,其主要作用是杀菌,防止茎基维管束堵塞;同时使保鲜液 pH 降低至 3.5 左右,微生物难以生存。通常在储藏或远距离运输之前,通过在冷库预冷并同时吸收预处液处理,或者在储藏或运输结束后及时用瓶插液进行处理,都是行之有效的月季切花采后保鲜的措施。如果采收的月季切花需要储藏 2 周以上,最好干藏在保湿容器中,温度保持 - 0.5 ~0℃,空气相对湿度要求 90% ~95%。用 0.04 ~0.06 毫米的聚乙烯膜密封包装,使氧气浓度降低到 3%,二氧化碳浓度升高到 5% ~10%,可以达到很好的延缓衰老效果。切花月季储藏后取出,需将茎基部再次剪切一下,然后放入保鲜液中,于 4℃下让花枝充分吸水 4 ~6 小时。

(三)切花月季的分级及预处理

分级是保证鲜切花品质的质量控制过程,它可以帮助栽培者和经销商使产品更能符合市场的需求,保证鲜切花质量的统一性,保护生产者的经济利益。在国际贸易中,通常由有经验的经纪人根据鲜切花的外观形态、色泽、新鲜度和健壮情况来评估鲜切花的质量。此外,还要评定其他品质,如花茎长度、花朵直径等。同一批次的切花月季在采收完成后运入分级车间进行整理和分级。要及时整理,剔除病花、残花,并根据花蕾开放的程度、花朵大小进行分级。分级包装车间要求光照充足、地面平坦光滑,配有分级、包装桌、剪切刀,去叶片和皮刺的工具,保鲜、包装等设施。整理的工作包括去除下部15 ~20 厘米的叶片、皮刺、枝上的腋芽及去除病叶等。然后根据采收切花的长度、花朵的大小、花茎的粗细、花茎弯曲与否、茎叶平衡状况以及病虫害等对切花月季切花进行分级包装。月季切花的分级标准,可根据不同的目标市场标准进行分级,一般情况按切花长度和外观分以下几种规格:

AA 级:整体感好,匀称度高,充分体现该品种的品种特征,无病虫危害,茎秆强健挺直,无任何质量缺陷,批次花茎秆粗细均匀,成熟度 2 度,茎秆长度须达 60 厘米以上(含 60 厘米)。

A 级:具有该品种的特性,无明显的病虫危害,花头部分可有轻微的机械损伤,茎杆强健挺直,直立时能充分支撑花头,批次花粗细均匀,叶片大小匀称,叶面清洁光亮,批次花成熟度为 2~3 度,但每扎花成熟度必须一致,茎杆长度须达 55 厘米以上(含 55 厘米)。

B 级:具有该品种的特性,花头部分有轻微的机械损伤和轻微的病虫危害,茎杆强健挺直,直立时能充分支撑花头,批次花粗细均匀,叶片大小匀称,叶面清洁光亮,批次花成熟度 1~3 度,但每扎花成熟度必须一致,茎杆长度须达 50 厘米以上(含 50 厘米)。

C 级:整体感尚可,具备该品种特性,花头略小,花头部分有损伤和病虫害危害,茎杆瘦弱,直立时茎杆能支持花头,允许有不超过 20°的倾斜,但批次花茎杆粗细要求一致,叶片无严重病虫害危害,批次花成熟度为 1~4 度,但每扎花成熟度必须一致,茎杆长度须达 45 厘米以上(含 45 厘米)。

D 级:花色、花型一般,花头小,花头部分有明显损伤和病虫危害。茎杆较瘦弱。叶片有严重的病虫危害和损伤。批次花成熟度为 1~4 度,但每扎花成熟度必须一致。茎杆长度须达 40 厘米以上(含 40 厘米)。

E 级:凡达不到 D 级并且仍然有销售价值的产品均列为等外级(E 级),长度≥30 厘米。

分级后的单头切花月季 20 枝捆成一束,包装成束的花,花头全部平齐或分为两层。分为两层包装时,上下两层花蕾不能相互挤压,花束茎基部应平齐,花枝长度相差不超 5 厘米。包装成束的花都用带有散热孔的锥形透明塑料袋包装。最后将切花下部放在保鲜剂中,准备移到冷库预冷。

1. 云南省切花月季地方标准

(1)**单头月季** 要求无平头花、双心花、畸形花;无侧枝、侧蕾;花颈挺直无弯曲现象;无明显的白粉病、霜霉病等病虫害现象;采后用硝酸银、8 - 羟基喹啉柠檬酸、1 - MCP 活性剂的保鲜剂浸泡处理。

单头月季适用枝条长度、枝条硬度、成熟度、花苞直径等 4 个指标来划分规格等级。用成熟度来划分规格等级时标准如表 8 - 1 所示:

表 8 - 1 单头月季成熟度划分规格等级表示方法

成熟度	状况
1	萼片保持直立,花瓣紧包,未从萼片中伸出。在此阶段采收,成熟度太小,切花不易开放或开放不好,为不适宜采收阶段
2	萼片展开 45°角,外层花瓣开始松散。适宜夏秋季远距离运输销售
3	萼片水平展开,外层花瓣展开。适宜冬春季远距离运输销售
4	萼片下垂,外层花瓣向外翻卷,多层花瓣展开,适宜冬季国内市场销售
5	花瓣全面松散,多层花瓣翻卷,花朵露心。此阶段采收,成熟度过大

（2）**多头月季** 要求无平头花、双心花、畸形花；每一花枝最少有3个可开花花蕾；花颈挺直无弯曲现象；无明显的白粉病、霜霉病危害现象；采后处理可使用含硝酸银、8-羟基喹啉柠檬酸盐、1-MCP活性剂的保鲜液浸泡处理。

多头月季适用枝条长度、枝条硬度、成熟度、花苞直径等4个指标来划分规格等级。用成熟度来划分规格等级时标准如表8-2所示：

表8-2 多头月季成熟度划分规格等级表示方法

成熟度	状况
1	萼片保持直立，花瓣紧包，未从萼片中伸出
2	有3个花蕾萼片展开45°角，外层花瓣开始松散。适宜夏秋季远距离运输销售
3	有3个花蕾萼片水平展开。外层花瓣稍展开。适宜冬春季远距离运输销售
4	有3个花蕾以上萼片下垂，外层花瓣向外翻卷，多层花瓣展开，适宜冬季国内市场销售
5	有3个花蕾以上花瓣全而松散，多层花瓣翻卷。此阶段采收，成熟度过大

2. 中华人民共和国切花月季行业标准

随着我国月季切花产业的快速发展，鲜切花标准化体系的完善与实施起着至关重要的作用。我国也颁布了中华人民共和国农业行业标准，表8-3是月季切花品种的分级标准：

表8-3 月季类鲜切花国家标准

评价项目		等级			
		一级	二级	三级	四级
1	整体感	整体感、新鲜程度极好	整体感、新鲜程度好	整体感、新鲜程度好	整体感、新鲜程度一般
2	花形	完整优美，花朵饱满，外层花瓣整齐，无损伤	完整优美，花朵饱满，外层花瓣整齐，无损伤	花形完整，花朵饱满，有轻微损伤	花瓣有轻微损伤
3	花色	花色鲜艳，无焦边、变色	花色好，无褪色失水，无焦边	花色良好，不失水，略有焦边	花色良好，略有褪色，有焦边
4	花枝	①枝条均匀、挺直	①枝条均匀、挺直	①枝条均匀、挺直	①枝条均匀、挺直
		②花茎长度65厘米以上，无弯颈	②花茎长度55厘米以上，无弯颈	②花茎长度50厘米以上，无弯颈	②花茎长度40厘米以上，无弯颈
		③重量40克以上	③重量30克以上	③重量25克以上	③重量20克以上

续表

评价项目		等级			
		一级	二级	三级	四级
5	叶	①叶片大小均匀,分布均匀	①叶片大小均匀,分布均匀	①叶片分布较均匀	①叶片分布不均匀
		②叶色鲜绿有光泽,无褪绿叶片	②叶色鲜绿,无褪绿叶片	②无褪绿叶片	②叶片有轻微褪色
		③叶面清洁,平整	③叶面清洁,平整	③叶面较清洁,稍有污点	③叶面有少量残留物
6	病虫害	无购入国家或地区检疫的病虫害	无购入国家或地区检疫的病虫害,无明显病虫害斑点	无购入国家或地区检病的病虫害,有轻微病虫害斑点	无购入国家或地区检疫的病虫害,有轻微病虫害斑点
7	损伤	无药害、冷害、机械损伤	基本无药害、冷害、机械损伤	有极轻度药害、冷害、机械损伤	有轻度药害、冷害、机械损伤
8	采切标准	适用开花指数1~3	适用开花指数1~3	适用开花指数2~4	适用开花指数3~4
9	采后处理	①立即入水保鲜剂处理	①保鲜剂处理	①依品种20枝捆绑成扎,每扎中花枝长度最长与最短的差别不可超过5厘米	①依品种30枝捆绑成扎,每扎中花枝长度的差别不可超过10厘米
		②依品种12枝捆绑成扎,每扎中花枝长度最长与最短的差别不可超过3厘米	②依品种20枝捆绑成扎,每扎中花枝长度最长与最短的差别不可超过3厘米	②切口以上15厘米去叶、去刺	②切口以上15厘米去叶、去刺
		③切口以上15厘米去叶、去刺	③切口以上15厘米去叶、去刺		

开花指数1:花萼略有松散,适合于远距离运输和储藏

开花指数2:花瓣伸出萼片,可以兼作远距离和近距离运输

开花指数3:外层花瓣开始松散,适合于近距离运输和就近批发出售

开花指数4:内层花瓣开始松散,必须就近很快出售

（1）红色系 "红衣主教",花鲜红色带有绒光,高心卷边,花型非常优美,瓣质硬,叶片小,色墨绿,质厚。枝硬挺,稍呈弯曲,刺多。其分级标准为:一级,花枝长度45厘米以上,花枝粗壮,花苞饱满,鲜艳,叶片浓绿,无病虫害情况。二级,枝长度30厘米以上,花枝较粗壮,花苞饱满,鲜艳,叶片绿,无病虫害。三级,枝长度30厘米以下,花枝细弱,花

苞松软,叶片绿黄,无病虫害。

"萨曼莎",花深红色,带绒光,高心卷边,花型十分优美,耐插,叶片黑绿,半光泽。枝有中等刺。其分级标准为:一级,花枝长度45厘米以上,花枝强健,花苞饱满,叶片墨绿,无病虫害。二级,花枝长30~40厘米及以上,花枝较强健,花苞饱满,叶片绿,无病虫害。三级,花枝长度30厘米以下,花枝细且叶片发黄,花苞一般,无病虫害。

"达拉斯",花深红色,花苞较大,瓣质硬,叶片墨绿,枝硬挺直,有细刺。其分级标准为:一级,花枝长度60厘米以上,花枝粗壮,花苞饱满,鲜艳,叶片浓绿,无病虫害。二级,花枝长45~60厘米,花枝较粗,叶片浓绿,花苞饱满,无病虫害。三级,花枝长度45厘米以下,花枝较细,叶片绿黄,花苞稍小,无病虫害。

"超级红",大型花,深红色,叶片黑绿,枝粗壮。其分级标准为:一级,花枝长度60厘米以上,花枝粗壮,花苞饱满,鲜艳,叶片浓绿,无病虫害。二级,花枝长30~50厘米,花枝较粗,花苞饱满,叶片浓绿,无病虫害。三级,花枝长度30厘米以下,花枝稍细,花苞饱满,叶发黄,无病虫害。

(2)粉红色系 "贝拉米",花浅粉红色,初放时高心卷边,后易呈抱心状。枝硬挺,少刺。其分级标准为:一级,45厘米以上,花枝强健,花苞饱满,花型美,叶片浓绿,无病虫害情况。二级,30~40厘米以内,花枝较强健,花苞饱满,叶片浓绿,无病虫害。三级,30厘米以下,花枝有弯曲并细弱,花苞稍软,叶片有杂色,无病虫害。

(3)黄色系 "金奖章",花呈黄色有红晕,易开,枝较细长,多刺。其分级标准为:一级,40厘米以上,花枝挺直,花苞饱满,叶片清爽,无病虫害。二级,30~40厘米,花枝挺直,花苞饱满,叶片较清爽,无病虫害。三级,30厘米以下,花枝有弯曲,花苞较饱满,叶片稍有杂色,无病虫害。

"金徽章",金黄色,花色纯正,明快,高心翘角,花型优美,花梗、花枝硬挺、直顺,刺红,较大。其分级标准为:一级,45厘米以上,花枝挺直,花型好,花色鲜艳,叶片清爽,无病虫害。二级,30~45厘米,花枝较挺直,花色鲜艳,叶片较清爽,无病虫害。三级,30厘米以下,花枝有弯曲,叶片有杂色,花苞较小,无病虫害。

(4)白色系 "坦尼克",纯白色大花,高心卷边,花型优美,花梗、枝条硬挺、少刺。其分级标准为:一级,45厘米以上,花苞饱满,枝条粗壮,叶片浓绿,无病虫害。二级,30~45厘米,花苞饱满,枝条粗壮,叶片浓绿,无病虫害。三级,30厘米以下,花苞较小,枝条较细,叶片稍有杂色,无病虫害。

3. 荷兰花卉拍卖协会(VBN)标准

月季质量标准明确规定交易的最低要求是其切花产品必须经过预处理,而且预处理剂必须含有活性硫酸铝,保湿剂。最低品质要求是除多花月季以外,必须以束为单位而不是以枝为单位进行销售,每束至少要20枝花枝。切花每克茎重的细菌含量必须少于

100万。最低成熟度要求每扎花束中至少95%的茎上具有1个已显色的花芽,且花芽的花萼与花瓣必须完全分离。最低品质要求花束必须正常完好,无平头花、柳芽、弯颈三项中的任何一项生长缺陷。

4. ECE 标准

欧洲国家之间及进入欧洲的鲜切花贸易。该标准包括切花的质量、分级、大小、耐受性、外观、上市和标签。鲜切花花茎长度与外观分级的ECE标准如表8-4,表8-5所示。

表8-4　鲜切花花茎长度的ECE标准

代码	包括花头在内的花茎长度(厘米)	最长与最短的花茎之差(厘米)
0	小于5或标记为无茎	
5	5~10	2.5
10	10~15	2.5
15	15~20	2.5
20	20~30	5
30	30~40	5
40	40~50	5
50	50~60	5
60	60~80	10
80	80~100	10
100	100~120	10
120	大于120	10

表8-5　鲜切花外观分级的ECE标准

等级	对鲜切花的要求
特级	具有最佳品质,无外来物质,发育适当。花茎粗壮而坚,具备该种或品种的所有特性,只允许有3%的鲜切花有轻微的缺陷
一级	鲜切花具有良好品质,花茎坚硬,其余要求同上,但允许5%的鲜切花有轻微的缺陷
二级	在特级和一级中未被接受,但满足最低质量要求,可用于装饰,允许10%的鲜切花有轻微的缺陷

切花月季要求花朵自然形成,无霜害,花茎为当年生枝,叶片明显褪绿。花茎遵照表8-4所列尺码,但无0代码。即上市的月季必须有大于5厘米的花茎。特级鲜切花的

花茎不得小于10厘米。该补充要求适用于蔷薇属的所有单花型鲜切花。

5. SAF标准

该标准由美国花卉栽培者协会制定,其分级术语采用"蓝、红、绿",大体上相当于ECE的特级、一级和二级。月季花茎长度分级的SAF标准如表8-6所示。SAF标准对鲜切花质量还有其他要求,包括花茎的坚挺度、花的缺陷、花瓣与叶片的色泽以及种、品种的其他特性。

表8-6 月季花茎长度分级的SAF标准

级别	杂交香水月季最小花茎长(厘米)	甜心月季最小花茎长(厘米)
蓝	56	36
红	36	25
绿	25	15

6. 包装

鲜切花经分级、预处理之后,即可进行包装。虽然包装不能改进品质和代替冷藏,但良好的包装能使产品在运输过程中免受机械损伤、水分散失、环境条件急剧变化和其他不良因子的影响,可保持产品有最好的品质。

(1)**包装材料** 当一定数量的花捆成束后,每束花用包裹材料进行包裹。最简单的包裹材料可用报纸,但报纸的密闭性差,容易失水,温度易受环境的影响,因而保鲜时间短。另外,还要注意包裹后,报纸不能碰到花朵。

目前,一般以柔软的低密聚乙烯塑料薄膜、高密聚乙烯塑料薄膜和聚丙烯塑料薄膜(厚度为0.04~0.06毫米)作为包裹材料。其中以高密聚乙烯塑料薄膜包裹效果最好,因高聚膜袋的密闭性能好,袋内蓄积的二氧化碳浓度最高(2.1%),对鲜切花的呼吸作用有明显的抑制作用,并且袋内温度变化幅度较小,水分不容易散失,所以保鲜时间最长。

切花月季体内含水量高,有时还需要在包装箱内加蓄冷剂(冰块),常使箱内湿度很高。因此,要求包装箱应有良好的承载力,不易变形,方便储运过程中的操作。常用的有纤维板箱、纸箱、加固胶合板箱、板条箱等。纤维板箱是目前运输中使用最广的包装箱。用于出口的纤维板箱,其抗破裂强度至少应达到1 896千帕(19.35千克/厘米^2)。包装箱的尺寸应同广泛采用的国际公制(1 016毫米×1 219毫米)托盘相配合,以方便托盘机械装卸和运输,减少运输和上市费用。美国花卉栽培者协会(SAF)和产品上市协会(PMA)制定了专用于切花月季的标准纤维板箱规格,以便更好地堆垛及使用标准托盘和装入标准的冷藏车内。

（2）**包装方法**　包装时先将一定数量的切花月季捆扎在一起后,套上塑料套袋或耐湿的纸。由于切花月季含水量高,花束不可捆扎太紧,以防滋生霉菌和使鲜切花受伤。然后小心地把鲜切花分层交替放置于包装箱内,直至放满。要注意不要压伤鲜切花,这样可保持箱内较高的湿度。各层之间还要放纸衬垫。在储运过程中如果是水平放置,易使花颈弯曲或折断,故均应以垂直状态储运,箱外应标明"易碎""易腐""请勿倒置"等标记。

切花月季可采用湿包装,即在箱底固定好放置的保鲜液容器,鲜切花垂直插入。月季的包装,还可采用在箱内放置冰袋的方法。湿包装鲜切花主要用于公路运输,因空运限制冰和水的使用。

此外,包装箱的两端要留有通气孔,其大小为箱子侧壁积的4%～5%,这样可保证鲜切花在储运过程中有个良好的环境条件。还要注意勿使包裹鲜切花的材料阻碍箱内空气流通。

（四）切花月季的储藏保鲜与运输

1. 切花月季的保鲜

不耐储藏、保鲜困难是月季采切后面临的最大问题。如何采取有效的措施保持切花的新鲜度,达到最佳的观赏效果和最长的保鲜期是切花月季采后研究的重要方向。切花采后仍进行着生命活动,但其营养源和水源被切断,受外界环境因子和微生物,以及其内部发生的一系列生理生化变化的影响,其会在很短的时间内衰老和凋谢。如何延长其寿命和观赏期,保持尽可能长时间的新鲜度,是整个鲜切花产业中一个很重要的课题。切花保鲜既可以采用物理保鲜技术,也可以采用化学保鲜技术,也可以将二者结合起来,效果会更理想。

（1）**物理保鲜技术**

1）**包裹保鲜法**　主要是采用聚乙烯薄膜包裹,以降低呼吸消耗和乙烯的生成量,防止花枝蒸腾失水,从而达到延长保鲜之目的。高俊平等认为,8℃低温结合0.35毫米厚的薄膜包装和湿藏(用浸透水的棉纱包扎茎基部)的综合处理,能够明显降低月季切花的呼吸强度和乙烯生成量,使瓶插寿命明显延长。王澄澈等研究表明,高密度聚乙烯膜袋由于密闭性能好,对呼吸的抑制作用非常明显。具有这些功能的保鲜膜主要有吸附乙烯气体的薄膜、防白雾及结露薄膜、简易 CA 效果薄膜、抗菌性薄膜等类型。目前保鲜材料研究进展非常迅速,已开发出 PE 夹层型、层压型、组合型和混合型等,按功能可将保鲜材料分为 5 种基本类型:夹塑层瓦楞纸箱,是在瓦楞纸原纸箱内夹入塑料薄膜,充分利用塑料薄膜层的阻气性,再加上切花的呼吸作用,保证了低氧、高湿和高浓度二氧化碳,抑制鲜切花呼吸,阻止水分蒸发,达到保鲜效果。生物式保鲜纸箱,是在瓦楞纸上涂覆一层抗菌剂、防腐剂、乙烯吸附剂等,压制成良好的保鲜功能纸箱。混合型保鲜瓦楞纸箱,是在制作瓦楞纸板的内芯纸或聚乙烯薄膜时混入含有硅酸的矿物微粒、陶瓷微粒或聚苯乙烯、聚乙烯醇等微片,保鲜效果良好。远红外保鲜纸箱,是把能发射远红外线波长(6~14皮米)的陶瓷粉末涂覆在天然厚纸上,再与所需要的材料复合而成,常温下能使鲜切花中抗性分子活化,提高抗微生物的作用,或使酶活化,保持切花鲜艳度。泡沫板复合瓦楞纸箱,常见的有两种,一是由瓦楞纸和PSP特殊泡沫板层叠而成,称为保鲜瓦楞纸S,另一种是由瓦楞纸和聚乙烯泡沫板层叠而成,称为保鲜瓦楞纸L,它们具有隔热保冷效果和控制气体成分的作用,同样具有良好保鲜效果。目前,已研制出的复合蜂窝状包装纸箱更能满足切花保鲜特性要求,已经逐渐代替泡沫板复合瓦楞纸箱。

2)气调保鲜法　主要是通过控制和调节空气中的气体成分,降低氧气(1%~5%)浓度,增加二氧化碳(3%~5%)或氮气浓度,目的是通过降低氧气浓度提高二氧化碳浓度,以减弱呼吸作用,减弱切花呼吸强度,从而减缓花枝组织中营养物质的消耗,抑制乙烯产生,促使代谢减慢,延缓衰老,更好地维持切花质量,延长观赏期。气调法的关键是:低氧气的控制必须以不激发无氧呼吸为前提;高二氧化碳的调节,或储藏过程中二氧化碳积累要以不引起生理毒害为基础。因此,气调储藏技术中精准维持气体水平极为关键,低压气调储藏保鲜是当今鲜切花保鲜储藏的又一发展领域,主要是将切花放在低压密闭容器中,用真空泵抽出容器内的气体和切花产生的二氧化碳及乙烯,同时交替补充一定量的新鲜空气,使内部气压保持恒定的低压状态,降低切花凋萎速度和损耗,延长储藏寿命。

3)冷藏保鲜法　温度对切花的影响表现在对呼吸、蒸腾、衰老等多种生理作用上。在一定范围内随着温度的升高,呼吸消耗增加,花枝体内的碳水化合物含量降低,影响了切花采后的寿命。较低的温度则可以降低呼吸代谢的强度,延缓乙烯的产生,延长切花寿命,甚至还能减少微生物的侵害。低温冷藏是切花保鲜的重要手段。低温可以降低花的呼吸和蒸腾作用,抑制病原微生物生长,降低酶活性,延缓代谢进程。切花从田间采收回来时常带有大量的田间热,故采后要及时除去田间热,使花枝降温,以使呼吸代谢减弱,乙烯含量下降。预冷去除田间热可采用强风预冷、压差预冷和真空预冷等方法。其中,前两种预冷方法已被广泛采用,尤其是在广大农村生产条件下,简便、实用、经济。预冷可排除大量的田间热,减少储藏和运输设备的能耗。将预冷技术与保冷技术相结合,可保持切花月季良好的观赏品质,同时减少蓄冷剂用量,降低运输费用。真空预冷是将切花放在坚固气密的容器中,迅速抽出空气和水蒸气,使产品表面的水在真空负压下蒸发而冷却降温,以排除切花的田间热。由于被冷却产品的各部分等量失水,切花不会出现萎蔫现象。若真空预冷结合补水,可更有效地减轻萎蔫,并延长切花寿命。如Marina27、Leading lady和Angeline月季在5℃预冷4小时,能有效地减少代谢消耗,明显地抑制开花,延长保鲜期。但是,真空预冷虽能极大地缩短预冷时间,提高冷却效应,但是所需设备昂贵,预冷过程中产品易失水萎蔫。近年来,国内开发出真空预冷中补充失水和吸收预处液相结合的方法,从根本上解决了切花在真空预冷中的水分损失和降温困难的问题。

4)辐射处理保鲜法 用一定的辐射剂量处理切花,可改变其生理活性,抑制呼吸作用和内源乙烯产生及过氧化物酶等活性,延缓衰老、杀灭虫害和寄生虫,抑制病原微生物的生长活动并由此而引起的腐烂,从而延长储藏寿命。经过辐射处理的月季切花,瓶插15 小时后保鲜率仍达75%,可使保鲜期延长 7~10 天。含蕾期剪切的月季切花辐照处理的效果优于花期剪切的月季。电磁处理,它是利用空气电离法产生空气负离子,既能杀菌,又能保持切花新鲜度。如$^{60}Co-\gamma$ 射线处理可以延长切花花期。但是,不同种类的切花能忍受的辐射剂量不同,过量会造成损伤。由于难以控制电磁辐射剂量,目前这种方法较少应用。

5)保水剂处理保鲜法 保水剂又称吸水剂,是利用强吸水树脂制成的一种超强水能力的高分子聚合物,能明显抑制鲜切花的蒸腾作用。其生理学机制是:植物蒸腾的主要部位是叶片,其次是茎;蒸腾水分散失的主要通道是叶片上的气孔或茎上的皮孔。用保水剂处理月季切花的枝叶后,近似胶体的保水剂分散在枝叶上形成一层薄膜,叶片上的气孔和茎上的皮孔被其遮掩,不仅阻碍了水分散发,起到抑制蒸腾作用,降低蒸腾量,而且影响了氧气和二氧化碳的进出,起到呼吸抑制剂的作用,故降低了呼吸速率。采用聚丙烯酸钠型保水剂处理月季切花后,能增加月季切花叶片的叶绿素、可溶性蛋白质、超氧化物歧化酶(SOD)的含量,同时能降低脯氨酸和丙二醛(MDA)的含量,因而对月季切花具有良好的保鲜作用。另据报道,用保水剂处理不同开放度的月季切花,可减少日蒸腾量4.49%~28.54%,降低呼吸速率15.61%~25.49%,延长保鲜期2~6 天。随着花朵开放度的增大,用保水剂处理月季切花产生的效应逐渐降低。对保水剂进行浓度试验结果表明,用 0.3%的保水剂浸蘸枝,能有效抑制水分蒸腾,改善花枝水分平衡,延缓花枝水分散失及由水分胁迫而诱导的自由基的伤害,延缓蛋白质的降解速率及丙二醛的产生,从而延长了切花月季的瓶插寿命。

(2)化学保鲜技术 化学保鲜技术即采用通常所说的保鲜剂进行保鲜。保鲜剂处理是切花保鲜技术的关键,迄今为止的研究报道,保鲜剂的主要生理功能有缓解切花水分胁迫,改善水分平衡;延缓可溶性糖的下降速度;延缓蛋白质的降解,推迟脯氨酸的上升;增加呼吸强度,抑制花瓣中丙二醛的产生,降低过氧化物酶活性,维持细胞正常结构和功能,减小花瓣电导率的上升幅度;降低乙烯生成等多方面的生理效应和作用。但是,保鲜剂中各种成分的作用却有所不同。切花保鲜剂可分为预处液、催花液和瓶插液等 3 类,其主要成分有碳水化合物、杀菌剂、乙烯抑制剂、植物生长调节物质等。保鲜剂的主要生理功能是利用保鲜剂处理,改善水分平衡,抑制花材乙烯产生,降低呼吸强度,降低细胞

膜透性,抑制花瓣中丙二醛的生成,延长切花寿命。目前保鲜剂的种类和配方极为繁多,根据其作用机制,可以分成以下几大类:

1)植物生长调节物质类　植物生长调节物质,即细胞分裂素、生长素、赤霉素等,可以延缓切花组织中蛋白质、叶绿素的分解,减缓呼吸速率,维持细胞的完整性和活力。细胞分裂素能抑制叶片的黄化,所以特别适用于延期储藏和运输之前的切花处理,以减少叶绿素在黑暗中的损失。利用细胞分裂素处理鲜切花可采用喷布或浸蘸,其有效浓度随处理时间而异。10～100毫克/升用于瓶插液和花蕾开放液的长时间处理,100毫克/升用于较短时间的脉冲处理,250毫克/升用于整个花茎的2分浸蘸处理。浓度过高,处理时间过长,会产生药害。据报道,用10毫克/升6-BA处理月季切花,不但能够延长其瓶插寿命,而且能够显著改善切花品质。用100～200毫克/升6-BA处理月季切花,能明显缓解切花的水分胁迫,改善体内水分平衡,促进切花开放,增加花朵鲜重,抑制花瓣溶质外渗而延缓切花衰老。此外,6-BA还可延缓月季叶片的衰老。用PPOH(顺式丙烯基膦酸)处理切花月季"萨曼莎"等品种,可降低其乙烯生成量,改善盛开前的品质,以及显著地延长盛开持续期。用0.1毫克/升油菜素内酯处理切花月季"深圳红",可大大增加花枝坚挺度,明显延迟"蓝变"的出现,瓶插寿命可延长1～1.5倍,SN是具细胞分裂素功能的杂环席夫碱类化合物,对切花月季的瓶插寿命、花茎、鲜重有影响。SN的主要作用在于增强花枝的保水能力,促进花枝的生理代谢,从而延长盛开期。然而,月季品种繁多,衰老机制不尽相同,SN是否为月季切花的通用型保鲜剂,尚待进一步扩大品种试验数量研究。甘氨酸甜菜碱对月季切花瓶插的保鲜也有一定效果。它能缓解水分的亏缺,使切花寿命延长2～4天,提高观赏品质。此外,矮壮素(CCC)和青鲜素(MH)等也可用于切花保鲜。它们的使用浓度因品种而异。MH是较早使用的保鲜剂之一。月季鲜切花在0.5%～1%MH液中脉冲处理30分,再在100毫克的硫酸铝和800毫克/升的柠檬酸混合液中放置24小时,对延缓衰老效果最佳。

2)能源物质类　目前使用的绝大多数保鲜剂中都含有糖,最常用的是蔗糖,浓度为1%～5%的水溶液。糖是切花维持正常生命活动所必需的能源(呼吸基质),此外,糖对保持渗透压、关闭气孔、保护线粒体结构和维持膜的完整性也有一定作用。同时又是一种类似激素的信号分子,可以调控植物的生长发育直至衰老的诸多过程。如月季切花用水插法保鲜时,加入适量的食糖可以延长切花寿命。研究证明,月季切花对糖的浓度比较敏感,糖浓度高于15克/升时容易引起叶片烧伤。

3)无机盐类　氮(N)、磷(P)、钾(K)、钙(Ca)、钴(Co)、锌(Zn)、锰(Mn)等很多无机盐类能增加溶液的渗透势和花瓣细胞的膨压,有利于保持花枝水分的平衡,从而延长切花的瓶插寿命。0.5～1.0毫摩/升 硝酸钴[$Co(NO_3)_2$]溶液可促进月季切花的吸水率,防止花茎上部弯曲,延长切花寿命。1.5～2.0毫摩/升 硝酸钙[$Ca(NO_3)_2$]溶液也可很好地防止月季花头下垂。硫酸铝钾[$KAl(SO_4)_2$]水溶液可促进鲜切花体内的传导功能,持久地保持切花颜色。1 克/千克 KAl$(SO_4)_2$ 处理红色月季,12 天内花朵完好如初,而清水处理同样的月季切花,3 天即枯萎。含无机盐的保鲜剂均能不同程度地抑制膜的透性,提高保护酶 POD 的活性和清除自由基的能力。硝酸钙[$Ca(NO_3)_2$]是植物生长所必需的营养源,也是常用杀菌剂和乙烯对抗剂,利于细胞分裂和花瓣生长,而且钙离子(Ca^{2+})能维持膜的稳定性,抑制内源酶对茎的堵塞,同时也是乙烯作用的抑制剂,从而可明显增大花茎,抑制瓶插后期电导率上升,延缓切花衰老。因此,生产中使用安全、高效、价廉的钙盐取代银盐作为保鲜剂的成分是有潜力的。用氯化钙($CaCl_2$)溶液瓶插月季切花可以增强花枝的吸水能力,增加花枝的鲜重,保持切花的水分平衡,降低膜脂过氧化水平,维持膜结构的相对稳定性,从而使切花的瓶插寿命延长 2~3 天。研究结果表明,低浓度的钙离子 Ca^{2+}(0.1%)的保鲜效应优于高浓度。将 0.1% Ca^{2+} 与 6 - BA 合用,表现出增效作用,而其与 Ag 合用,表现出拮抗作用;2% 的蔗糖 + 25 毫克/升的 6 - BA,配以氯化钙($CaCl_2$)喷施效果更佳。硫酸铝[$Al_2(SO_4)_3$]有抑制乙烯产生的作用,并能降低溶液 pH,抑制微生物生长,还能促进气孔关闭,降低蒸腾作用,促进对水分的吸收,明显延缓切花衰老的时间。经氯化锌($ZnCl_2$)改良液处理的切花月季,花枝硬挺,弯头减少,蓝变减轻并延迟,平均瓶插寿命延长 10% ~60%。

4)杀菌剂类　常用的杀菌剂是 8 - 羟基喹啉,包括 8 - HQC 和 8 - HQS;此外,还有硫酸铝[$Al_2(SO_4)_3$]、硝酸银($AgNO_3$)、二氯异氰脲酸钠(DICA)、1 - 溴 - 3 - 氯 - 5,5 - 二甲基海恩(BCDMH)等。杀菌剂的作用主要是防止花茎的细菌性堵塞,以利于水分运输。研究表明,100 毫克/升 8 - HQC 能明显增强花枝的吸水能力降低蒸腾作用,延长瓶插寿命,同时可使叶片过氧化氢酶和超氧化物歧化酶活性分别提高 15.6% 和 63.4%。在保鲜剂中加入 250 毫克/升 8 - HQC 可明显延长 Gabrielle 和 Scilla campanulata 月季切花的瓶插寿命。$Al_2(SO_4)_3$ 可降低月季花瓣中的 pH,稳定切花组织中的花色素苷。50~100 毫克/升 $Al_2(SO_4)_3$ 处理月季切花 12 小时,可明显减轻"弯颈"现象和萎蔫。经 60 毫克/升亚硝酸银($AgNO_2$)处理 9 小时的黄金时代月季,瓶插期间呼吸强度明显受到抑制,花朵增大,瓶插寿命延长。8 - HQ 具有细胞分裂素的活性及抑制乙烯生物合成的作用。有机酸能降低保鲜液的 pH,有效地抑制微生物的繁衍和生长,从而延缓了切花整个衰老过程中的生理变化。以月季为材料,通过各种微生物保鲜剂的保鲜试验,发现霉敌、益生灭菌剂与饱和 $CaSO_4$ 处理的月季切花瓶插寿命最长,分别达到 11 天、9 天,而无菌水处理的对照组为 8 天。纳米银和二氧化氯作为新型的切花杀菌剂最近也在被广泛地研究中。保鲜剂中常用的杀菌剂如表 8 - 7 所示。

表 8 – 7 保鲜剂中常用杀菌剂

化学名称	代表符号	使用浓度（毫克/升）	优缺点
8 – 羟基喹啉硫酸盐	8 – HQS	200 ~ 600	为广谱杀菌剂。但易造成叶片烧伤和花茎褐化，使白色花朵变黄
8 – 羟基喹啉柠檬酸盐	8 – HQC	200 ~ 600	
硝酸银	$AgNO_3$	10 ~ 200	杀菌效果良好，用高浓度处理片刻即可。缺点是易发生沉淀和光氧化，在花茎中移动性差
硫代硫酸银	STS	0.2 ~ 4 毫摩	毒性小，可在花茎中移动，在鲜切花体内有一定杀菌作用。但对花瓶水溶液的杀菌效果差
噻菌灵（特克多）	TBZ	5 ~ 300	在硬水中较稳定，延缓乙烯释放，减弱鲜切花对乙烯的敏感性。但只能杀除真菌，需与杀细菌剂一起使用
季铵盐	QAS	5 ~ 300	相对无毒，在硬水中稳定，有效期长。缺点是对月季效果不大
硫酸铝	$Al_2(SO_4)_3$	200 ~ 300	除杀菌外，还可使保鲜液酸化，促进鲜切花水分平衡，稳定花色。但会引起叶片萎蔫

5）乙烯抑制剂和拮抗剂类 乙烯能促进植物的成熟和衰老。因此，抑制乙烯的产生能延缓花朵的衰老。乙烯能显著影响月季切花的新陈代谢，加速衰老，缩短储藏期和瓶插寿命。使用乙烯抑制剂和拮抗剂，如硫代硫酸银（STS）、银离子（Ag^+）、1 – MCP、水杨酸、PP3、长安麦饭石、氨基氧乙酸（AOA）等，均有抑制乙烯产生或干扰等作用。使用最普遍的是 $AgNO_3$ 和 STS，它们能与乙烯的受体结合，竞争性地抑制乙烯的产生。硫代硫酸银是广谱型切花保鲜剂的主要成分，一般认为其是通过降低切花的乙烯生成量和呼吸强度等生理代谢活性、抑制微生物繁殖来保持花材茎基导管吸水能力、改善水分状况等来延长切花的寿命。不同的月季品种，硫代硫酸银（STS）处理的效果各异，需要通过试验，才能确定合适的使用浓度和次数。

6）有机酸及其盐类 有机酸可以调节水的 pH。当水的 pH 3 ~ 4 时，不仅可以抑制细菌繁殖，也利于水被花梗吸收。目前，通常使用柠檬酸、维生素 C、阿司匹林等调节水的 pH。有机酸是切花保鲜剂中常用的酸化剂。据报道，溶液酸化可提高切花月季花茎的水合率。当 pH≤3 时，花枝吸收溶液增加；而当 p≥6 时，则抑制花枝吸收。用柠檬酸调节的 pH3 ~ 3.5 的溶液浸泡月季 1 小时，可使月季花茎充分吸水成为"纯粹化状态"，可延长月季切花的瓶插寿命。用 100 毫克/升的异抗坏血酸、异抗坏血酸钠溶液，也可延长月季瓶插寿命。

7）表面活性物质类 切花月季在采收后保鲜、储运过程中花枝会出现空腔化堵塞。

往瓶插液中加入表面活性剂,可以促进花枝吸水。现在,商业上已应用许多表面活性物质,如荷兰花卉 109 市场上应用的无毒但难于降解的 Agra – LN。近来的研究证明无毒、易降解的含有 10～14 个碳链、5～8 个乙氧基的磷酸烷基酯可以取代 Agra – LN。

8)化学保鲜剂配方的筛选 一般根据切花月季品种,采用正交设计筛选适宜的保鲜剂配方。有研究者以硝酸钙、蔗糖、矮壮素、硫代硫酸银(STS)4 种成分进行正交试验,选出可使月季切花瓶插寿命由 6.0 天延长至 10.5 天的最佳溶液配方。① 0.1% $Ca(NO_3)_2$ +2% 蔗糖 +300 毫克/升矮壮素;② 0.2% $Ca(NO_3)_2$ +2% 蔗糖 +400 毫克/升矮壮素 +1 毫摩/升 STS;③4 毫摩/升 STS +1 克/升 $Ca(NO_3)_2$ + 10 克/升蔗糖。另有研究者用蔗糖、8 – HQ、柠檬酸和维生素 C 配制的 6 种保鲜剂,也均能不同程度地增加切花鲜重,增大花径,改善切花体内的水分状况,延长瓶插寿命。其中,以保鲜剂配方为:3% 蔗糖 +100 毫克/升 8 – HQ +50 毫克/升柠檬酸 +50 毫克/升维生素 C 的保鲜效果最好。

(3)**保鲜剂配方及处理方法** 根据需要,可选择以下几种保鲜剂处理方法及其配方:

1)吸水处理 吸水(或硬化)处理的目的是在切花月季经过储运后,发生不同程度脱水时,用水分饱和法使萎蔫的鲜切花恢复细胞膨压。具体做法是配制含有杀菌剂和柠檬酸的溶液,pH 控制在 4.5～5.0,加入 0.01% 润湿剂吐温,加热至 38～44℃;装在塑料容器内,溶液深 10～15 厘米。把鲜切花茎端入水部分斜剪后插入上述溶液中,浸泡数小时,再将其移至冷室中过夜。对于萎蔫较重的,可先把整个鲜切花浸没清水 1 小时,然后按上述方法进行吸水处理。

但应注意,鲜切花用水最好采用去离子水或蒸馏水。如果没有,也可用自来水,但使用前应煮沸,冷却后把沉淀物滤掉。

2)茎端浸渗 为防止鲜切花茎端导管被水中微生物生长或花茎自身腐烂引起导管阻塞而吸水困难,可把花茎末端浸入 0.1% 硝酸银溶液中 5～10 分。这一处理可显著延长鲜切花的瓶插寿命。由于硝酸银只能在花茎中移动很短的距离,因此处理后的鲜切花不要再剪截。

3)脉冲液处理 脉冲液处理是把花茎下端置于含有较高浓度的糖和杀菌剂溶液中 12～24 小时,目的是为其补充糖分,适应较长时间的储藏和运输,延长其采后寿命。蔗糖浓度因不同种类而异,一般为 2%～4%。蔗糖浓度较高时,脉冲处理时间宜短些,否则易对叶片和花瓣造成伤害。脉冲处理的环境条件,一般温度在 20～27℃,光照强度为 1 000 勒。脉冲处理能影响鲜切花的整个采后寿命,是一项非常重要的采后处理措施。此外,它还能使鲜切花开放更快、显色更佳、花瓣更大。

4)硫代硫酸银(STS)脉冲处理 用 STS 进行脉冲处理后,可有效地抑制切花产生乙烯,对延长采后寿命具有显著作用。具体方法为:先配制好 STS 溶液,浓度为 0.2～4 毫克/摩尔,把鲜切花茎端在水下剪裁后,插入 STS 溶液中。一般在 20℃ 温度下处理 20 分。如鲜切花准备长时间储藏或远距离运输,STS 溶液中应加糖,并适当延长处理时间。

在欧洲,STS 脉冲处理是一项硬性规定。

5)花蕾开放液 许多鲜切花在蕾期采切,为促使花蕾开放,往往需用花蕾开放液处理。花蕾开放液一般含有 1.5%~2% 蔗糖、200 毫克/升的杀菌剂,75~100 毫克/升的有机酸。处理时间往往需要数天,温度为室温,空气相对湿度 90%~95%。当花蕾开放后,应移至较低温度下储放。处理时,房间应有人工光源,并注意室内通风,防止乙烯在室内积累。

6)瓶插保持液 用于消费者的瓶插保持液的种类繁多,不同鲜切花有不同的保持液配方。如一般瓶插液含有 1.5% 蔗糖、320 毫克/升柠檬酸、25 毫克/升硝酸银或 250 毫克/升 8 - 羟基喹啉硫酸盐。

(4)零售花店的处理和管理技术 当零售商收到鲜切花后,要立即采取相应的处理,并进行合理的护理。主要有三方面,即再吸水处理、鲜切花保鲜剂处理和控制环境条件。

花店收到鲜切花后,应立即开包进行再吸水处理。在最适温度下运输的鲜切花,打开包装后只需把切花插入水中或保鲜液中即可。如果鲜切花在较低的温度下运输,首先应检查鲜切花有无低温伤害。未受伤害的鲜切花先置于 5~10℃冷室中 12~24 小时,然后可再移至较高温度下解开包装,进行再吸水处理。这样做是避免温度剧烈变化,有利于鲜切花从轻微的伤害中恢复过来。浸于水中的花茎和叶片易腐烂,可把鲜切花茎下部叶片去除。如果外围的花瓣有损坏,应仔细剔除。花茎末端剪去 2~3 厘米,剪口呈斜面,以增加吸水面积。鲜切花应根据品种、等级分别插入消毒、洗净的容器内。如果鲜切花只是放在水中,应每天换 1 次水。花店最好装备有冷室或冷柜,把鲜切花储存于低温下。

如前所述,保鲜剂处理可延长鲜切花寿命。若零售商购进的鲜切花未经 STS 处理过,要按前述的方法进行 STS 处理。配制 STS 溶液时,要用去离子水或蒸馏水,因为自来水中所含的氯离子或氟离子,会使银盐发生沉淀,使保鲜剂失去作用。含银的保鲜剂见光易分解,最好现配现用,暂时不用时应放在非金属容器于暗中低温保存。在使用市场上出售的商业性花卉保鲜剂时,按照说明书来处理鲜切花即可。商业性保鲜剂一般是严格可靠的,其使用浓度不应改动。为某一特定鲜切花设计的保鲜剂不能应用于其他鲜切花。因为对某一种鲜切花适宜的浓度,也许对另一种鲜切花有害。

最后,要控制好鲜切花所处的环境条件。除了热带鲜切花外,大多数鲜切花应储存在 4~5℃的温度下。切勿将其放置于干热空气环境或靠近窗口。空气中的相对湿度过低会加速其散失水分,易引起萎蔫和衰老。一般空气相对湿度应稳定在 90% 左右,必要时可安装加湿器。在橱窗内展示的鲜切花应防止日光直射,否则将会增高鲜切花的体温,使其萎蔫和衰老加快。100 勒的光照强度可阻止鲜切花叶片黄化。放置切花的房间最好用日光灯和白炽灯混合照明。

被乙烯污染的空气对鲜切花危害极大。花店中的乙烯来源于交通繁忙的街道、塑料花和聚乙烯膜。因此,应从花店屋顶上方吸入乙烯浓度低得多的新鲜空气注入储存室,也不要将鲜切花放在塑料花附近。此外,鲜切花若衰老、萎蔫、受机械损伤和腐烂,也可产生很多乙烯,应及时清除出去。

2. 切花月季的储藏

（1）**气体调节储藏法**　月季气调储藏保鲜有人工气调和自发气调 2 种。人工气调储藏（CA）是指在相对密闭的环境中（比如库房）和冷藏的基础上,根据产品的需要,采用机械气调设备,人工调节储藏环境中气体成分的浓度并保持稳定的一种储藏方法。由于氧气和二氧化碳的比例能够严格控制,而且能做到与储藏温度密切配合,因而储藏效果好,但气调库建筑投资大,运行成本高。自发气调储藏（MA）又称简易气调或限气储藏,是在相对密闭的环境中（如塑料薄膜密闭）,依靠储藏产品自身的呼吸作用和塑料膜具有一定程度的透气性,自发调节储藏环境中的氧气和二氧化碳浓度的一种气调储藏方法。塑料薄膜密闭气调法,使用方便,成本较低,可设置在普通冷库内或常温储藏库内,还可以在运输中使用,是气调储藏中的一种简便形式。目前广泛应用的材料有低密度聚乙烯（LDPE）、高密度聚乙烯（HDPE）、聚氯乙烯（PVC）、聚丙烯（PP）、聚乙烯醇（PVA）等,它们与硅橡胶模黏合可制成硅窗气调袋（帐）。在切花月季的储藏中用塑料薄膜包装和硅橡胶窗气调是 2 种常见的自发调节方法。对月季切花运输过程中不同的包装方式进行研究的过程中发现用高聚膜袋包装月季切花效果最好,其次为低聚膜袋和聚丙烯膜袋,并且聚乙烯包装通过降低包装袋内氧气,提高二氧化碳浓度可有效地抑制呼吸强度和乙烯生成量的增加,延长瓶插寿命,并且厚膜比薄膜的效果更好。用瓦楞纸箱包装月季切花比无任何包装的储存效果要好（图 8 - 4）。经过喷洒液状石蜡的瓦楞纸箱是月季切花运输包装的较好微环境,加上保鲜剂的使用（无调湿剂）,可延长储存期到 9 天,优于现有的瓦楞纸箱,后者仅达 2 天。通常,在冷库中的气调是增加二氧化碳浓度、减少氧气浓度,这样可减少切花月季的呼吸强度,从而减缓组织中营养物质的消耗,并抑制乙烯的产生和作用,使代谢减慢,延缓衰老。月季切花在 3 ~ 10℃ 温度下储藏于含二氧化碳浓度为 5% ~ 30% 的气体中 10 天,可延长瓶插寿命,但常常出现花瓣泛黄现象。月季切花在 0℃ 下储于含 5% ~ 10% 二氧化碳、1% ~ 3% 氧气的气体中,储存期可达 20 ~ 30 天。有研究表明,利用 0.35 毫米聚乙烯膜包装月季切花,通过降低袋内氧气浓度和提高二氧化碳浓度,可显著提高月季切花的品质和延长瓶插寿命。

图8-4　切花月季采后的包装

（2）**低压储藏法**　低压储藏又称为减压储藏或降压储藏，是当今鲜切花保鲜储藏的又一发展领域。减压储藏通常要求储藏环境的空气减压到 1/10 个大气压，同时不断地更新减压室内的空气，排除二氧化碳、乙烯等有害气体挥发物，输入用水蒸气饱和的新鲜空气并保持较高的空气相对湿度，一般在 85%～100%，使切花在整个储藏期间始终处于低压和新鲜湿润的气流中。在低压条件下，植物组织中氧气浓度降低，乙烯释放速度及其浓度也低，从而延缓储藏室内切花的衰老过程。但降压储藏保鲜会造成切花一定程度的脱水，安装低压储藏系统成本较高，管理也有一定困难，因此较少投入应用。低压储藏效果因品种不同而有很大差异。切花月季"Tan-beede"和"Belinda"在带有 2～3 个开放萼片的花蕾阶段采切，包装在聚乙烯薄膜袋中，在 3 192 帕压力、2℃和 98% RH 下，其储存期长达 1 个月。而"Merko""Mercedes"和"Sonia"月季品种的叶片会出现斑点，甚至萎蔫现象。切花月季在夏天常温常压条件下只能存放 4 天；若在 5 320 帕压力、0℃下，则可保鲜 42 天。月季切花在 1 330～4 655 帕压力下储藏 4 周后，仍有 1% 的切花保持鲜花瓶插寿命。

（3）**冷藏储藏法**　冷藏储藏法主要包括湿藏和干藏 2 种。干藏，即将切花包装于纸箱、聚乙烯薄膜袋或用铝箔包裹表面的圆筒中，通常用于切花的长期储藏。此种方法温度比湿藏温度略低，营养消耗较慢，花蕾发育和老化也慢，且能节省储库空间。但对切花质量和包装要求高，需花费较多劳力和包装材料。干藏前，一定要用保鲜剂处理，空气相对湿度为 90%～95%，温度为 -0.5～0℃，可储 2 周，如果需要储藏 2 周以上时，最好干藏在保湿容器中，温度保持在 -0.5～0℃，空气相对湿度要求为 85%～95%。可选用0.04～0.06 毫米的聚乙烯薄膜包装，储藏结束后，要求采用花期控制处理。湿藏，即把切花置于盛有水或保鲜剂溶液的容器中储藏，通常用于切花的短期（7～28 天）储藏。湿储的温度为 0.5～2℃，空气相对湿度为 80%～90%，可储 7～14 天。此种方法不需要包装，切花组织可保持高紧张度，但需占据冷库较大空间。切花湿储效果的好坏，水质是一个非常重要的因素。最好勿用自来水,而用去离子水或蒸馏水。月季在自来水中可保持4.2天,而在蒸馏水中却可保持9.8天。另外,切花和水常带有细菌、真菌等,它们的繁殖会堵塞花茎,造成吸水困难。通常使用的消毒剂为50毫克/升的次氯酸钠和800~1 000毫克/升的硫酸铝。次氯酸钠具有强烈的杀菌作用。但它可使花茎变褐,使用时间不应超过数小时,并且1周换水1次。硫酸铝的杀菌效果不如次氯酸钠,应3~4天换1次水。近年来,荷兰使用了一种紫外线对水消毒的新方法,设备安装如图8-5。该方法每小时可消毒2立方米水。在紫外线照射之前,水先通过过滤器以滤去较大的植物残渣和沉淀物。水的透明度高和流速均匀可提高消毒效果。

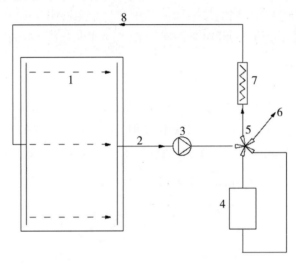

图8-5 使用紫外线消毒的设备安装

1.水槽 2.出口 3.可除去较大残渣的水泵 4.沙子过醇器

5.五通阀门 6.通往污水池出口 7.紫外灯 8.进口

冷藏储藏保鲜法,高效、经济,因而被广泛采用。以切花月季品种"卡罗拉""红衣主教""影星""白卡片"为试材,结合预冷和预处理液处理进行冷藏储藏,结果表明,10天以内的短期储藏,其有效的储藏方式是低温条件下结合预处理液处理的湿藏;10天以上的储藏,可采用低温预冷,结合预处理液处理后,在聚乙烯膜中进行保湿干藏为好。

(4)储藏鲜切花应注意的问题 在冷藏期,鲜切花长时间处于高湿的环境条件下,极易感染病害和衰败,因此要特别注意防止病害和环境的清洁。可采取以下措施:

1)化学防治 储藏的鲜切花应健康并未受病虫侵害。如花圃里鲜切花被病虫害感染,要用化学药剂进行防治。

2)熏蒸 溴甲烷熏蒸是防虫的一种好方法。一般在18~23℃条件下,1立方米空间用30克溴甲烷熏蒸1.5小时,可杀死蓟马和鳞翅目幼虫。除少数鲜切花在温度较高时熏蒸会受害外,大部分鲜切花对溴甲烷有较强的抗性。

3)抑制灰霉病　灰霉病是鲜切花储藏期间常见的病害,往往导致巨大损失。灰霉病的最初症状是在花瓣和幼叶上出现灰色小斑点,当其上面有水分凝结时,会加速病情的发展。如果冷库中的鲜切花表面干燥,采后能迅速预冷,则常会抑制灰霉病的发展。

4)冷库消毒　为防止储藏期间病菌感染,整个冷库每年应消毒几次。库中无花时,要予以彻底清扫。然后用300毫克/升的次氯酸钠溶液,或氯胺、石灰水喷洒整个冷库内墙。清扫后使库房干燥。

5)设备消毒　湿储用的储藏架、容器和水槽,应定期用洗涤剂或次氯酸钠溶液彻底清洗消毒。然后用水冲净,晾干备用。

6)其他　及时清除库房内的植物残渣和废弃物。库内用6~14目活性炭或涤气瓶净化空气,以移出乙烯。此外,鲜切花不宜与水果、蔬菜共用同一冷库。

3. 切花月季的运输

(1)**运输方式**　切花月季的运输一般有公路运输、空运和海运3种途径。短距离运输和运输时间不超过20小时可用无冷藏设备但具隔热效果的货车。如果长距离超过20小时,则需要用具有冷藏设备的汽车,车内要具备良好的通风系统(图8-6,图8-7)。

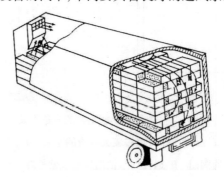

图8-6　切花在冷藏卡车内的装载方式

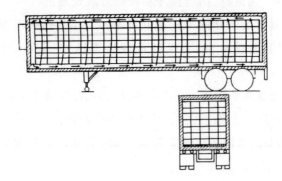

图8-7　包装箱在卡车内的排列方式侧面图

空运速度快,但成本高,一般用集装箱包装运输,由于在空运过程中一般无法提供冷藏条件且机场的乙烯浓度高,因而空运前应将鲜切花进行 STS 脉冲和预冷处理。海运价格便宜,但运输时间长。因此,在长时间的航运期间,有效的空调是最基本的条件。在长时间海运中保持高质量的关键是,在运输前用适合的保鲜剂硬化处理,并尽快预冷,在到达目的地后,将鲜切花置于合适的保鲜液中予以恢复,并储存于低温下,直至出售。

运输时,温度要控制在 2~8℃,空气相对湿度保持在 85%~95%。最佳的运输条件为温度保持在 1℃,空气相对湿度保持在 95%~98%,近距离运输可以采用湿运,即将切花月季的茎基部用湿棉球包扎,或成束地直立着浸入盛有干净的清水或保鲜液的容器内,远距离运输多采用薄膜保湿包装。运输过程中要避免挤压、刮碰、花枝缠绕混乱,或者运输工具中有鼠虫啃咬花枝。运达目的地后需将茎基再度剪切并放在保鲜液中,在4℃下让花枝吸水 4~6 小时。

(2)**预冷处理** 鲜切花在运输前的预冷十分重要,它可使鲜切花在整个运输期间保持适宜的低温。通常预冷的方法有冷库冷却、包装加冰、强制通风冷却和真空冷却。

1)冷库冷却 该法是直接把鲜切花放在冷库中而不进行包装,使其温度降至所要求的范围为止。但不能用紧闭的包装箱进行冷却,否则达不到预冷的目的。这一方法不需要安装另外的设备,当冷空气的流速为 60~120 米/分时,预冷效果较好。但要求冷库应有足够的制冷量,并且需几个小时,占据空间大。此外,完成预冷的鲜切花应在冷库中包装,以防温度回升。

2)包装加冰 这是一种原始的方法,把冰砖或冰块放在包装箱内,并将鲜切花放在塑料袋中与其隔开。此法会增加货载量,如要把鲜切花从 35℃降到 2℃,需融化占产品重量 38%的冰。因此,包装加冰是其他预冷措施的辅助手段,也可用于鲜切花经预冷后在无冷藏设备的卡车上运输,以维持低温。

3)强制通风冷却 这是一种最常用的预冷方法,使接近 0℃的空气直接通过鲜切花而使其迅速冷却。此法所用时间为冷库预冷法的 1/10~1/4。图 8-8 中的 1、2、3、4、5为目前广泛使用的强制通风冷却的专门设备。

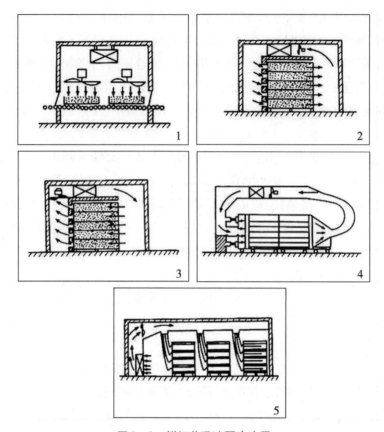

图8-8　鲜切花迅速预冷流程

图8-8-1为强力风扇驱动冷空气向下穿过打开的包装箱的系统,它有封闭区域和冷却通道。包装箱通过传送带移向冷却区,冷却后自动向前移动,冷却过程约1小时。该系统适合冷却少量鲜切花,如果量大则该方法太慢且冷却不全。

图8-8-2是推动冷空气穿过打孔箱,变暖的气流循环回冷却器,预冷约需1小时。

图8-8-3为拉动冷空气通过透气孔进入箱内,由箱内排出的暖气再冷却并加湿至95%~98%空气相对湿度,然后进入冷室,再把冷湿空气吸入预冷室。该系统可以冷却大量鲜切花,保持冷室中气温稳定,但需安装空气加湿设备。

图8-8-4是图8-8-1、8-8-2结合起来的系统,它使用推壁和拉壁使鲜切花同时冷却,包装箱置于两壁之间。该系统还可安装于卡车。推壁和拉壁安装在卡车内侧面,这样鲜切花可以直接在车内预冷。

图8-8-5为管道输送冷气系统,把冷气强制压入包装箱内有孔的塑料管中,用细而有弹性的连接管的一端与天花板的中心冷却通道相连,另一端与包装箱内有孔的塑料管相通。该系统的优点是在冷室中占据的空间较少,允许鲜切花在不同类型和尺寸的包装箱中冷却。但花费劳力,需要把每根连接管与每个包装箱套接起来。

4)真空冷却　主要设备包括真空容器、真空泵和冷凝器。真空冷却过去常用于叶菜类蔬菜的快速预冷。荷兰现已将这一系统用于鲜切花。该系统的优点是,不论有多少鲜切花,预冷时间很短,仅需20分左右就可将其冷却至1~6℃。从开始的温度每降低6℃,鲜切花的水分损失不超过1%。该系统的原理是当把鲜切花放在密封的容器中时,迅速抽出其内的空气和水蒸气,鲜切花在低压状态下水分蒸发,因而使其冷却。为防止鲜切花失水过多,可给真空容器预先加湿或设置喷雾装置(图8-9)。

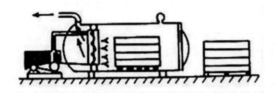

图8-9　鲜切花冷却配套系统

九、月季生产的效益分析与市场营销

1. 生产成本构成

(1) **直接生产成本** 直接生产成本是指生产该产品过程中耗费的和有助于产品形成的各项费用。可简单地理解为月季栽培的生产发生的费用,不栽培月季时就不会发生的费用。切花月季生产各环节中所发生的一切费用包括以下几种:

1) 种苗费 种苗的成本要根据种苗的使用寿命来计算。种苗的成本以它的自然使用寿命进行平均,所以种苗价格高的品种不一定种苗费用高,所以在挑选种苗的时候要选择商品价值高、健康、无病虫害、自然寿命较长的优质种苗。

2) 基质费 主要是盆花生产或基质栽培切花品种时所产生的费用。基质类型不同,价格各异。不同的基质,其使用年限也不相同。基质成本的计算往往随着种植的品种的寿命同步计算,分摊到各年度。

3) 农药费 一般按当年使用量计算成本。土壤消毒的费用根据消毒后使用的年限分年度计算。

4) 肥料费 包含氮、磷、钾等肥料、保鲜剂、植物生长调节剂、调节 pH 所用的石灰、硫酸铁、石膏粉等材料。

5) 水电费 根据当年实际用量计算,有些地区可能还有水资源使用费,生产中进行的补光、加温等使用一些电动机械所需的电费也应计算在内。

6) 包装材料费 主要有橡胶圈、大套袋、包根袋、包花袋、保鲜管、包装纸、透明胶、封箱胶、内纸箱、外纸箱、打包带、打包扣、包扎绳等。

7) 薄膜、遮光网等覆盖材料费 有时可能含在大棚或温室的固定资产中。

8) 燃料费 指加温、降温、通风所发生的费用。

9) 劳动力成本 指使用劳动力所花的费用,包含加班费、福利费、各项津贴等。

10) 维修费 维修大棚设施和其他设备的费用。

11) 小额农资费 如支撑柱、支撑网、修枝剪等。

12) 固定资产的使用费 即人们常说的折旧费。固定资产指一些生产设施设备及大额办公用品,如温室、大棚、供水供电系统、排水系统、加温降温系统、种植苗床、施肥灌溉系统,大额的农具、汽车、电脑、办公家具等金额较大、使用寿命达 2 年以上的物资及房屋、作业道路等。固定资产也可放在间接生产成本中,因为不管是否生产,固定资产费用始终是存在的。

13)土地费 需要考虑合理的种植密度与合理的土地准备与休闲期及生产的季节性。不到半年要以半年计算,超过半年要以 1 年计算。土地费也可放在间接生产成本中,因为不管是否生产,土地的费用始终是存在的。

14)产品报损 指不合格品及市场疲软时卖不出去的产品所花的费用。

(2)**间接生产成本** 间接生产成本是指虽不直接由该产品的生产过程所引起,但却与生产过程的总体条件有关的为组织生产和进行经营管理发生的各项费用。

1)企业管理费 包括管理人员的工资、差旅费、办公费、培训费等。

2)财务费 指为筹集资金所发生的一切费用及借贷款的利息支出、汇兑损失、金融机构手续费等。

3)其他 采用的技术转让费、公证费、咨询费等相关费用。

(3)**销售成本** 销售成本主要包括广告费、开发费、业务招待费、运输费、销售人员的工资等。

2. 切花月季生产成本的控制

生产成本的控制贯穿于月季生产的全过程中,但是必须重点突出。切花月季生产是一个周期长又有太多的不稳定性与特殊性的过程,生产者在一定时间内占有的经验知识是有限的,不但常常受科学条件和技术条件的限制,而且也受变化的气候条件的限制。因此,在选择投资月季切花生产的决策阶段,就应当认真做可行性研究报告。一些国内外的资料表明,影响项目投资控制的可能性在决策的规划阶段为75%左右,技术阶段为35%～75%,真正的生产阶段为5%～35%。长期以来,我国普遍忽视项目前期阶段的投资控制,而往往把成本控制的主要精力放在生产具体过程中,这样的效果会大打折扣,往往事倍功半。要有效地控制切花月季生产项目的投资,减少生产成本,就要抓住决策阶段、规划阶段、计划阶段,未雨绸缪,以取得事半功倍的效果。这一点对事先控制生产成本极为重要,要清楚地了解前期生产阶段需要投入多少资金以及生产过程中最大的风险。然后尽可能地把风险控制在最小的范围内。在规划设计中,可以根据所在项目地区的气候条件、地理优势、交通状况、资金准备、技术力量、劳力条件、市场条件等来决定产品结构,找到投入和产出比最合理、最经济的优化组合,以取得最有效、最经济的成本控制,避免造成浪费或无效投资。所谓最优化组合,应当遵循 4 个原则:①不能影响产品目标。②力求在技术先进条件下的经济合理。③在确定生产力水平时,至少要往前看 5 年的发展趋势。④专业化、规模化是取得最小单位成本的有效途径。

3. 科学制订生产计划

切花月季生产是以获利为目的的,所以生产者就要根据每年的销售情况、市场变化、生产设施等,及时对生产计划做出相应的调整,从而适应市场经济的发展变化,切花月季生产计划是切花生产企业经营计划中的重要组成部分,是对企业在计划期内的生产任务做出统筹安排,规定计划期内生产的品种、质量及数量等指标,是日常管理工作的依据。

生产计划是根据企业的发展规划、生产需求和市场供求状况来制定的。因此,在制订切花月季生产计划时,要充分利用企业的生产能力和生产资源,保证切花月季在适宜的环境条件下生长发育,进行合理的周年供应,按质、按量、按时、按需提供切花月季产品,并按期限完成订货合同,满足市场的及时需求,尽可能地提高企业的经济效益,最大限度地增加利润。

生产计划通常有年度计划、季度计划和月份计划,即对每月、每季、每年的花事生产进程做好安排,并做好跨年度的继续生产工作的计划。生产计划的主要内容包括种植计划、技术措施计划、用工计划、生产需用物资的供应计划及产品销售计划等。切花月季生产计划的具体内容可分为:月季品种、数量、规格、供应时间、工人工资、生产所需材料、种苗、肥料、农药、维修及产品收入和利润等。在生产计划的实施过程中,要经常督促和检查计划的执行情况,从而保证生产计划的落实完成。

4. 切花月季的营销策略

切花月季产业的自身特点决定了其经营具有专业性、高技术性和集约性。集约经营能在一定的空间内最有效地利用人力、物力。它要求技术密集和生产设施齐备,并在一定范围内扩大生产规模,进而降低生产成本,提高市场竞争力。

(1)**市场调查和市场预测** 切花月季生产的目的是满足市场和消费者的需求,因此经营切花月季前对市场进行调查和预测就显得十分重要。一般可通过向城市园林部门、本地区的切花月季生产者、花店、宾馆等进行调查,了解本地区切花月季的生产、销售、价格、品种等情况,以明确本地区不同季节、节日的畅销品种、短缺品种、来源、市场容量。在此基础上,再对市场做出科学的预测,如未来市场的切花月季需求量、价格、消费趋势等。

(2)**市场营销决策** 对市场做了充分的调查和预测之后,可根据具体的实际情况选定目标市场,确定种植规模。目前,商品切花月季的经营方式有分散经营和专业经营两种。

分散经营是以农户或小集体为单位进行鲜切花生产。在营销过程中一般采用生产者—消费者或生产者—零售商—消费者的销售环节。这种方式的特点是规模小,比较灵活,是地区性的一种补充。专业经营则是在一定范围内,形成规模化,以1~2种切花月季品种为主,集中生产,并按照市场的需要进入专业流通领域。其特点是便于形成高技术产品,形成规模效益,提高市场竞争力,是鲜切花生产经营的主体。在营销过程中往往采用生产者—批发商—零售商—消费者,或生产者—代理商—批发商—零售商—消费者的方式进入流通领域。

在营销过程中,还要采用各种合法的促销手段以保证销售渠道畅通,如培养建立长远的合作关系、赠送样品、参加花卉展销会、批发或让利批发、广告宣传等。在此过程中必须首先明确,鲜切花营销是以满足消费者需求为前提的。这就要在生产者和消费者之间沟通生产和消费的信息,掌握和满足消费者的需求。根据消费者的需求和爱好,将产品和服务的信息传递给消费者,帮助消费者认识和了解鲜切花新品种,从而引起消费者的注意和兴趣的目的,激发其消费欲望。

参考文献

[1] 韩慧君,黄善武. 商品月季生产技术[M]. 北京:中国电力出版社,2002.

[2] 康红梅,张启翔. 切花月季的水分生理与灌溉管理[J]. 北方园艺, 2004(5): 42－43.

[3] 孔德政,李永华. 鲜切花生产技术[M]. 郑州:中原农民出版社,2006.

[4] 林娅,刘青林. 中外月季花文化的比较[C]. 全国观赏植物多样性及其应用研讨会. 2004.

[5] 林登·霍索恩. 月季栽培彩色图说[M]. 北京:中国农业出版社,2002.

[6] 李树发,杨玉勇,唐开学. 云南省月季切花生产技术规程[M]. 昆明:云南科技出版社,2009.

[7] 李志敏,李自命,高纯林. 月季病虫害识别与防治图册[M]. 昆明:云南人民出版社,2008.

[8] 潘会堂,张启翔. 光对月季切花生产的影响[C]. 全国观赏植物多样性及其应用研讨会, 2004.

[9] 潘会堂,张启翔. 温度对月季切花生长发育的影响[C]. 中国园艺学会观赏园艺专业委员会年会,2006.

[10] 王国良. 中国古老月季[M]. 北京:科学出版社,2015.

[11] 闫海霞,邓杰玲,关世凯,等. 南方地区月季盆花的栽培管理技术[J]. 农业研究与应用, 2017(2).

[12] 佚名. 中国月季发展报告(第2版)[J]. 农业科技与信息:现代园林,2014(5).

[13] 张凤仪,张晨. 月季栽培口诀与图说[M]. 北京:中国林业出版社,2015.

[14] 周秀梅. 切花月季优质高产高效栽培与营销[M]. 北京:中国农业出版社,2016.

[15] Fanourakis D, Pieruschka R, Savvides A, et al. Sources of vase life variation in cut roses: A review[J]. Postharvest Biology & Technology, 2013, 78(4):1－15.

[16] Roberts A V, Debener T, Gudin S, et al. Encyclopedia of rose science. Volumes 1－3. [M]. 2003.